Springer-Lehrbuch

Für weitere Bände:
http://www.springer.com/series/1183

Dieter Richter

Mechanik der Gase

Springer

Dr. Dieter Richter
Helmholtz-Zentrum Berlin für Materialien
    und Energie
BESSY II
Albert-Einstein-Str. 15
12489 Berlin
Deutschland
dieter.richter@helmholtz-berlin.de

ISSN 0937-7433
ISBN 978-3-642-12722-9   e-ISBN 978-3-642-12723-6
DOI 10.1007/978-3-642-12723-6
Springer Heidelberg Dordrecht London New York

Die Deutsche Nationalbibliothek verzeichnet diese Publikation in der Deutschen Nationalbibliografie;
detaillierte bibliografische Daten sind im Internet über http://dnb.d-nb.de abrufbar.

Einbandentwurf: WMXDesign GmbH, Heidelberg

Gedruckt auf säurefreiem Papier

Springer ist Teil der Fachverlagsgruppe Springer Science+Business Media (www.springer.com)

Vorwort

Kenntnisse über die Bewegung von Gasteilchen, deren Geschwindigkeit und Energie sind eine wichtige Voraussetzung zum Verständnis moderner Technologien, z. B. der Vakuumtechnik, und eng damit verknüpft der Vakuumphysik oder der Handhabung von Gasen.

Mit dem vorliegenden Material wurde der Versuch unternommen eine gut verständliche Darstellung der Mechanik der Gase zu geben. Dabei sollte der mathematische Apparat nicht komplizierter als notwendig sein. Es ist eine in sich geschlossene, aufeinander aufbauende Darstellung. Zu Beginn wird die Maxwellsche Geschwindigkeitsverteilung beschrieben. Dem folgen die Herleitung der Zustandsgleichung für ideale Gase und die Beschreibung der wichtigsten Zustandsgleichungen realer Gase. Anschließend werden die Beziehungen für alle wichtigen gaskinetischen Kenngrößen hergeleitet und Möglichkeiten zu deren experimenteller Bestimmung gezeigt. Die Darstellung endet mit der Erklärung ausgesuchter Rechnungen und der Zusammenstellung aller wichtigen Formeln.

Nur an den Stellen, wo es notwendig erschien, wurden Tabellen mit physikalischen Eigenschaften von Gasen eingefügt. Die Tabellen dienen dem Vermitteln der Größenordnungen einiger Kenngrößen und dazu, Rechenbeispiele nachzuvollziehen. Diese sind an ingenieurtechnischen oder angewandt-physikalischen Fragestellungen orientiert bzw. Bestandteil der Herleitung von Beziehungen.

Das Buch wendet sich an Studenten der Naturwissenschaften, stellt aber auch theoretisches Wissen für mit Gasen arbeitende Ingenieure sowie Vakuumspezialisten dar.

Berlin, Juli 2010   Dieter Richter

Einleitung

Daniel Bernoulli, Mitglied einer aus den Niederlanden stammenden Gelehrtenfamilie[1] entwickelte in seinem Hauptwerk „Hydrodynamik" (1738) erstmals die kinetische Gastheorie. Er zeigte, dass man die wichtigsten Eigenschaften der Gase verstehen kann, wenn man annimmt, dass sich die einzelnen Moleküle immer in Bewegung befinden. Dabei gibt es Zusammenstöße miteinander und Stöße der Gasteilchen mit den Wänden des Behältnisses. Ein einzelnes Molekül bewegt sich zickzackartig durch den Raum. Bei diesen Stoßprozessen bleiben die Summen der Energien und der Impulse konstant, es ändern sich jedoch die Geschwindigkeiten der Stoßpartner. Wir sprechen hierbei von elastischen Stößen. Hat die Behälterwand dieselbe Temperatur wie das Gas, wird durch Impulsübertragung von der Wand genau soviel Energie abgegeben, wie sie vorher durch Stöße von den Gaspartikeln aufgenommen hat. Die innere Energie des Gases ändert sich durch das Gefäß nicht. Betrachten wir das gesamte System Gas-Behälter einmal makroskopisch, so bemerken wir keine Veränderungen. Der Zustand einzelner Gaspartikel ändert sich „mikroskopisch" durch eine große Anzahl von Stoßprozessen.

Die kinetische Gastheorie beschreibt das „mikroskopische" Verhalten der Gasteilchen. Sie gibt an, mit welcher *Wahrscheinlichkeit* Gaspartikel eine bestimmte Energie und Bewegungsrichtung haben. Dabei sind die aus den Zustandsänderungen einzelner Moleküle hergeleiteten Beziehungen keine kausalen Beziehungen. Es besteht also kein ursächlicher Zusammenhang wie etwa bei Bewegungen einzelner makroskopischer Körper in der klassischen Mechanik. Die Zustandsänderungen eines Moleküls durch einen Stoßprozess stehen in keinerlei Zusammenhang mit einem Stoß anderer Partikel „weit ab" vom erstgenannten Stoß. Die Wirkung aller Zustandsänderungen hebt sich aufgrund der enormen Anzahl der Moleküle mit an Sicherheit grenzender Wahrscheinlichkeit auf. Das Gas befindet sich makroskopisch gesehen in Ruhe.

Aus dieser Beschreibung werden die Zustandsgleichungen der Gase und eine Reihe weiterer Eigenschaften abgeleitet. Bei den abgeleiteten Gesetzen werden in einem ersten Schritt anziehende Kräfte zwischen den Gasteilchen vernachlässigt

---

[1] geb. 29. Jan. 1700, Prof. zu Basel, gest. 17. März 1782, Physiker und Mathematiker; erhielt zehn Mal den Preis der Pariser Akademie

und die Gasmoleküle und -atome als Massenpunkte betrachtet. Diese Voraussetzungen sind bei den meisten Gasen gegeben. Ein Gas, bei dem diese Bedingungen streng erfüllt sind, nennt man *ideales Gas*. Es werden die Zustandsgleichung für ideale Gase sowie die Grundgleichung der kinetischen Gastheorie hergeleitet und einige Folgerungen dargestellt.

In einem weiteren Schritt werden die anziehenden Kräfte zwischen den Gasteilchen berücksichtigt und Zustandsgleichungen für reale Gase erläutert und miteinander verglichen. Hierbei haben die Gasteilchen ein Volumen. Wir können sie uns als Kugeln aus einem harten, elastischen Material vorstellen.

Eine elementare Größe bei der Beschreibung des Zustands eines Gases ist der Druck. Bei der Herleitung der Druckformel (Abschn. (2.1.1) auf Seite 23) wird von der ungeheuer großen Anzahl der Gaspartikel in einem „normalen" Volumen bei „normalen" Drücken ausgegangen. Für jedes an die Behälterwand stoßende und von dort wieder reflektierte Teilchen gibt es sicher eines, das sich nach der dort benutzten Annahme: $Einfallswinkel = Ausfallwinkel$, verhält. Betrachten wir jedoch nur ein einzelnes Teilchen, hängt der Ausfallswinkel nicht ursächlich vom Einfallswinkel ab. Dieser Sachverhalt macht das Wesen der gaskinetischen Gesetze deutlich. In der klassischen Mechanik makroskopischer Teilchen gelten kausale Zusammenhänge. Jede Ursache, z. B. die Kraft auf ein Teilchen, hat in einer Anordnung miteinander verbundener Körper eine genau bestimmte Wirkung. Das ist in einem Gas ganz anders. Die Änderung des Bewegungszustandes eines Gaspartikels, z. B. durch Stoß an ein anderes oder an die Behälterwand, steht in keinerlei Zusammenhang mit den Bewegungen des Nachbarteilchens. Dass wir sie in Beziehung zueinander setzen können, hat seine Ursache in der riesig großen Anzahl von Gasteilchen - es lassen sich mit an Sicherheit grenzender Wahrscheinlichkeit zwei Teilchen finden, die auf „klassische" Weise miteinander korrespondieren.

In einem Kubikzentimeter normaler Atemluft befinden sich etwa $2,4 \times 10^{19}$ Teilchen. Wir wollen versuchen, uns die Größe dieser Zahl deutlich zu machen. Dazu soll ein Bezug auf die Zeit dienen. Unter der Annahme, dass das Alter unseres Universums 20 Mrd. Jahre beträgt, so ist es etwa $6,3 \times 10^{17}$ s alt. Eben diese unvorstellbare große Anzahl von $6,3 \times 10^{17}$ Teilchen ist in nur etwa $26\,mm^3$ Luft bei Normaldruck enthalten. Bei dieser riesigen Anzahl werden nur die Mittelwerte eines Zustandes betrachtet. Der von absolut zufälligen Bewegungen gekennzeichnete Zustand lässt aufgrund der hohen Teilchenzahl die Herleitung streng gültiger makroskopischer Gesetze zu.

Berlin, Juli 2010   Dieter Richter

Danksagung

Ich danke den Herren Dr. Mikhail Krasilnikov und Dr. Ernst Weihreter für die kritische Durchsicht des Manuskriptes.

Inhaltsverzeichnis

1 Maxwellsche Geschwindigkeitsverteilung 1
  1.1 Die Boltzmannsche Verteilung 1
  1.2 Die Herleitung der Geschwindigkeitsverteilung 3
  1.3 Die Energieverteilung 10
  1.4 Das Äquipartitionsprinzip 14
  1.5 Charakteristische Geschwindigkeiten 16
     1.5.1 Wahrscheinlichste Geschwindigkeit 16
     1.5.2 Mittlere Geschwindigkeit 16
  Literaturverzeichnis 22

2 Zustandsgleichungen 23
  2.1 Ideale Gase 23
     2.1.1 Die Druckformel oder die Grundgleichung der kinetischen Gastheorie 23
     2.1.2 Die Zustandsgleichung für ideale Gase 26
     2.1.3 Das Gesetz von Boyle-Mariotte 28
     2.1.4 Das Gesetz von Gay-Lussac 29
     2.1.5 Das Gesetz von Charles 29
     2.1.6 Der kubische Ausdehnungskoeffizient 29
     2.1.7 Das Daltonsche Gesetz 30
     2.1.8 Differentielle Größen 30
  2.2 Reale Gase 32
     2.2.1 Die Virialgleichung 33
     2.2.2 Die van der Waalssche Gleichung 33
     2.2.3 Der Zusammenhang zwischen Virialgleichung und van der Waalsschen Zustandsgleichung 42
     2.2.4 Die Boyletemperatur 43
  Literaturverzeichnis 43

3 Gaskinetische Kenngrößen 45
  3.1 Normzustand und Bezugszustand 45
  3.2 Gase im Gleichgewicht 45

3.2.1 Die Brownsche Bewegung 45
3.2.2 Die flächenspezifische Wandstoßrate 47
3.2.3 Die Stoßfrequenz und die mittlere freie Weglänge 49
3.2.4 Druckbereiche und Zusammenfassung der Kenngrößen 59
3.3 Gase im gestörten Gleichgewicht 61
3.3.1 Die Strömung zwischen Platten und in Kapillaren 61
3.3.2 Strömung durch eine Blende 65
3.4 Transportvorgänge in Gasen 69
3.4.1 Innere Reibung 69
3.4.2 Wärmeleitung 71
3.4.3 Diffusion 73
3.4.4 Zusammenstellung und Interpretation der Ergebnisse 76
3.5 Gase im Gravitationsfeld..................................... 77
3.6 Bestimmung des Teilchendurchmessers 85
Literaturverzeichnis 89

4 Experimentelle Messmethoden 91
4.1 Messung der Geschwindigkeitsverteilung....................... 91
4.2 Bestimmung gaskinetischer Kenngrößen 93
4.3 Messung der van-der-Waals-Koeffizienten 100
Literaturverzeichnis 102

5 Formelzusammenstellung und mathematische Hilfsmittel 103
5.1 Verwendete Konstanten...................................... 103
5.2 Formelbuchstaben 103
5.3 Die wichtigsten Formeln 104
5.4 Partielle Integration 106
5.5 Integration von Exponentialfunktionen 107

Sachverzeichnis 109

Kapitel 1
Maxwellsche Geschwindigkeitsverteilung

Eine zentrale Bedeutung in der kinetischen Gastheorie hat die Fragestellung, wie viele Gasteilchen in einem Volumen eine Geschwindigkeit in einem gegebenen Geschwindigkeitsintervall haben? Will man diese Frage beantworten, kommt man nicht umhin, eine Verteilungsfunktion zu berechnen, die bei gegebenen Bedingungen wie Teilchendichte, Masse der Gaspartikel und deren Temperatur eben genau diese Problemstellung behandelt. Diese Funktion heißt *Maxwellsche Geschwindigkeitsverteilung*. Ihre Herleitung setzt ein ideales Gas voraus. *Maxwell* hatte etwa im Jahre 1860 für die Geschwindigkeitsverteilung eines Gases eine Gaußsche Glockenkurve angenommen. Etwa ein Jahrzehnt später ermittelte *Boltzmann* die absoluten Größen der Geschwindigkeiten von Gasteilchen. Diese Tatsache und der Sachverhalt, dass es für die Herleitung der Geschwindigkeitsverteilung unabdingbar erscheint, die *Boltzmann*sche Verteilung zu verwenden, sind die Begründung dafür, die zu beschreibende Verteilung auch oft *Maxwell-Boltzmannsche Geschwindigkeitsverteilung* zu nennen. Vor der Herleitung der Maxwellschen Geschwindigkeitsverteilung wird deshalb die *Boltzmann*sche Verteilung erklärt. Dazu müssen aber zwei Vorgriffe auf nachfolgende Kapitel, die Beschreibung der Barometrischen Höhengleichung und die Zustandsgleichung der idealen Gase, gemacht werden. Doch zumindest kann, wenn auch nicht die Herleitung, so doch die Formulierung der genannten Zustandsgleichung als bekannt vorausgesetzt werden.

1.1 Die Boltzmannsche Verteilung

Die *Boltzmann*sche Verteilung beantwortet die Frage, wie viele gleichartige Systeme, z. B. Gasteilchen, sich in Abhängigkeit von ihrer Gesamtenergie E, der Summe aus potentieller und kinetischer Energie, in einem durch die Energie gekennzeichneten Zustand befinden. Das ist bei weitem nicht so abstrakt, wie es anmutet. Am Beispiel im Abschn. 3.5 wird gezeigt, dass sich der Luftdruck mit zunehmender Entfernung von der Erdoberfläche exponentiell verkleinert. Er beträgt in der Höhe x_1:

$$p(x_1) = p_0\, e^{-\rho_0 \frac{1}{p_0}\, g\,(x_1 - x_0)}.$$

(1.1)

D. Richter, *Mechanik der Gase*, Springer-Lehrbuch,
DOI 10.1007/978-3-642-12723-6_1, © Springer-Verlag Berlin Heidelberg 2010

Die Größen ρ_0 und p_0 sind die Luftdichte bzw. der Luftdruck auf der Ausgangshöhe x_0. Die Gasmenge sei 1 *Mol*. Die Größe M ist die Masse des Gases in einem Volumenelement V_0 bei einem Druck p_0. Wenn es auch erst später ausgeführt wird, so ist doch plausibel, dass der Druck und die Teilchendichte n_V einander proportional sind. Wir können schreiben:

$$\frac{n_V(x_1)}{n_V(x_0)} = e^{-\rho_0 \frac{1}{p_0} g\,(x_1-x_0)} = e^{-\frac{M}{V_0 p_0} g\,(x_1-x_0)}. \tag{1.2}$$

Die Dichte ist der Quotient aus Masse und Volumen. Das Produkt $V_0 p_0$ im Nenner des rechten Terms wird unter Verwendung der Zustandsgleichung des idealen Gases auf die Gasmenge von einem Mol bezogen $p_0 V_0 = 1 \times RT$ [s. Gl. (2.9)]. Weiterhin wird der Zusammenhang von *Boltzmann*konstante und Allgemeiner Gaskonstante $R = N_A k$ [s. Gl. (2.7)] genutzt:

$$\frac{n_V(x_1)}{n_V(x_0)} = e^{-\frac{M}{RT} g\,(x_1-x_0)} = e^{-\frac{M}{N_A kT} g\,(x_1-x_0)}. \tag{1.3}$$

Im nächsten Schritt wird die [Gl. (1.2)] im Nenner ausmultipliziert. Dabei ist weiterhin zu beachten, dass der Quotient aus der Masse der Gasmenge M und der Anzahl N_A der Gasteilchen pro Mol die Masse m eines einzelnen Gasteilchens darstellt:

$$\frac{n_V(x_1)}{n_V(x_0)} = e^{-\frac{M g x_1 - M g x_0}{N_A kT}} = e^{-\frac{m g x_1 - m g x_0}{kT}}.$$

Im Nenner des Exponenten steht die Differenz der potentiellen Energien E_{p_1} bzw. E_{p_0} *eines* Gasteilchens bei den Höhen x_1 bzw. x_0:

$$\frac{n_V(x_1)}{n_V(x_0)} = e^{-\frac{E_{p_1} - E_{p_0}}{kT}}. \tag{1.4}$$

Verallgemeinern wir die Erkenntnisse aus der Beziehung (1.4), so können wir formulieren: Je höherenergetisch der Zustand ist, mit desto weniger Teilchen ist er besetzt. Der Abfall der Teilchenanzahl verläuft exponentiell.

Die gerade angeführte Betrachtung ist eine Erklärung der *Boltzmann*schen Verteilung anhand eines Beispiels. Der Beweis folgt jetzt[1]:

Ausgegangen wird von einem System mit äquidistanten diskreten Energiezuständen. Eine Anzahl von n Teilchen mit gegebener Gesamtenergie ist über diese Zustände zu verteilen. Welches ist nun die einfachste Kombination von Teilchensprüngen, bei der sich der Makrozustand ändert, die Gesamtenergie aber konstant bleibt und wie ändert sich die Zustandswahrscheinlichkeit dabei? Wie muss ein Zustand aussehen, bei dem keine Änderung der Zustandswahrscheinlichkeit eintritt (eine große Anzahl von Teilchen vorausgesetzt)?

---

[1] Dieser Beweis wurde [1], S. 959 und S. 1197, entnommen.

Der einfachste Vorgang, der die Gesamtenergie konstant lässt, ist: Ein Teilchen springt von i aus nach $i + k$. Gleichzeitig springt ein Teilchen von j nach $j - k$. Beim ersten Sprung ändert sich die Zustandswahrscheinlichkeit um den Faktor n_i/n_{j-k}. Die wahrscheinlichste Verteilung ist die, bei der sich durch den Doppelsprung die Wahrscheinlichkeit nicht ändert, $n_i/n_{i+k} = n_{j-k}/n_j$. Für beliebige i, j und k ist das genau richtig, wenn die n_i eine geometrische Reihe bilden: $n_i = n_0 q^i = n_0 e^{-\beta b_i}$. Das aber ist die *Boltzmann*sche Verteilung.

1.2 Die Herleitung der Geschwindigkeitsverteilung

Die Moleküle bzw. Atome eines Gases haben eine Geschwindigkeit v, die von der Temperatur T und von ihrer Masse m abhängt. Dabei haben nicht alle Teilchen die gleiche Geschwindigkeit. Gesucht ist die Geschwindigkeitsverteilung der Gaspartikel, d. h. es interessiert die Anzahl der Teilchen in einem bestimmten Geschwindigkeitsintervall. Diese Zahl hängt von der Gesamtanzahl der Teilchen, einer Verteilungsfunktion und der Größe des Geschwindigkeitsintervalls ab. Als erstes wird die aus diesem Gedanken folgende Proportion betrachtet:

$$dn \propto n\, f(v)\, dv. \tag{1.5}$$

Hierbei ist dn die Anzahl der Gaspartikel, die eine Geschwindigkeit im Intervall zwischen v und $v + dv$ haben. Die Anzahl ist proportional der Gesamtzahl der Gaspartikel n. Die Gesamtzahl beinhaltet alle Teilchen, also auch die außerhalb des betrachteten Geschwindigkeitsintervalls. Weiterhin ist die Anzahl proportional der Breite des Geschwindigkeitsintervalls dv selbst und einer Verteilungsfunktion $f(v)$. Diese Funktion ist ein Maß für die Anzahl der Teilchen in Abhängigkeit von deren Geschwindigkeit.

Die Herleitung erfolgt in zwei Teilschritten. Im ersten Schritt wird die Verteilungsfunktion der mittleren Geschwindigkeit eines Gaspartikels berechnet. Weiterhin wird eine Beziehung für die Abhängigkeit der mittleren kinetischen Energie eines Gasteilchens von der Temperatur gefunden. Diese Beziehungen werden genutzt, um im zweiten Schritt die Frage nach dem relativen Anteil der Gasteilchen in einem bestimmten Geschwindigkeitsintervall zu beantworten.

1: *Berechnung der Verteilungsdichte.* Die Bewegung der Gasteilchen wird zu Beginn lediglich auf einer Achse, später auf drei Achsen im Raum betrachtet. Das Teilchen bewegt sich in alle Raumrichtungen (positive Geschwindigkeit) mit derselben Wahrscheinlichkeit wie in die entsprechenden Gegenrichtungen (negative Geschwindigkeit). Da keine Bewegungsrichtung ausgezeichnet ist, wird die mittlere Geschwindigkeit 0 betragen.[2]

---

[2] Diese Geschwindigkeit darf nicht mit der im Abschn. 1.5.2 berechneten mittleren Geschwindigkeit verwechselt werden.

Wir nehmen zunächst an, dass sich die Teilchen entlang *einer* Ortskoordinate mit unterschiedlicher Geschwindigkeit in *unterschiedliche* Richtungen bewegen. Im Gegensatz zum Betrag der Bahngeschwindigkeit, der selbstverständlich im Intervall von $0 \leq v < +\infty$ liegt, muss die Geschwindigkeit entlang einer Ortskoordinate im Intervall von $-\infty < v < +\infty$ betrachtet werden, da die Teilchen auch „rückwärts", d. h. in die negative Richtung fliegen können. Da keine Achse im Raum ausgezeichnet ist, werden wir die Bewegung auf der x-Achse betrachten. Aus [Gl. (1.5)] folgt speziell für die x-Achse:

$$\frac{dn}{n} \propto f(v_x)dv_x.$$

Im Ansatz für die Verteilungsfunktion wird berücksichtigt, dass bei einer gegebenen Temperatur die Anzahl der Partikel bei wachsender Energie exponentiell abnimmt (siehe *Boltzmann*sches Gesetz, Abschn. 1.1). Da die Gaspartikel bei Bewegungen längs der x-Achse eine kinetische Energie $E_{\text{kin},x} = \frac{1}{2}mv_x^2$ haben, folgt:

$$\frac{dn}{n} \propto e^{-\beta\, E_{\text{kin},x}}dv_x \quad \text{bzw.} \quad \frac{dn}{n} \propto e^{-\beta\frac{m}{2}v_x^2}dv_x.$$

Um aus der Proportion eine Gleichung zu machen, wird die Größe A eingeführt. Weiterhin wird die Beziehung mit der Teilchenzahl multipliziert:

$$dn = nA\,e^{-\beta\frac{m}{2}v_x^2}dv_x. \tag{1.6}$$

Durch Vergleichen mit [Gl. (1.5)] erhalten wir für die Verteilungsfunktion

$$f(v_x) = Ae^{-\beta\frac{m}{2}v_x^2}. \tag{1.7}$$

Im Folgenden müssen die Zahlen A und β bestimmt werden. Die Größe β ist positiv. Andernfalls würde die Anzahl der Gasteilchen mit steigender Energie exponentiell anwachsen, was dem *Boltzmann*schen Gesetz widerspräche. Weiterhin würde ein negatives β eine Normierung unmöglich machen. Unter Normierung wird Folgendes verstanden: Die betrachteten Bewegungskomponenten der Teilchen im Gasraum haben eine Geschwindigkeit zwischen $-\infty$ und ∞. Deshalb muss das Integral, die Summe über alle Teilchen bzw. alle Geschwindigkeiten, eben auch alle Teilchen enthalten, also gleich 1 sein:

$$\int_{-\infty}^{\infty} f(v_x)dv_x = 1. \tag{1.8}$$

In einem ersten Schritt wird A aus der Normierungsbedingung [Gl. (1.8)] berechnet:

$$1 = \int\limits_{-\infty}^{\infty} f(v_x)dv_x = \int\limits_{-\infty}^{\infty} Ae^{-\beta \cdot \frac{mv_x^2}{2}} dv_x$$

Wir beziehen uns auf Tabelle 5.1, erste Zeile, und schreiben das Integral wie folgt:

$$1 = \frac{A\sqrt{\frac{\pi}{2}}}{\sqrt{\beta m}} \text{Fehlf}\left[\sqrt{\frac{\beta m}{2}}\, v_x\right]_{v=-\infty}^{v_x=\infty} = A\sqrt{2\frac{\pi}{\beta m}}.$$

Es folgt direkt:

$$A = \sqrt{\frac{\beta m}{2\pi}}.$$

In dieser Rechnung bedeutet Fehlf(x) die Fehlerfunktion der Größe x. Sie ist definiert durch: Fehlf$(x) = \frac{2}{\sqrt{\pi}} \int_0^x e^{-t^2} dt$. Die zum Verständnis notwendigen Funktionswerte sollen genannt werden: Fehlf$(-\infty) = -1$ und Fehlf$(\infty) = 1$.

Zur Bestimmung von β wird der statistische Mittelwert für die kinetische Energie $E_{d,x}$ auf der x-Achse genutzt. Alle möglichen Geschwindigkeiten der Gaspartikel werden zwischen $-\infty$ und ∞ liegen. Die zu diesen Geschwindigkeiten gehörenden Energien müssen mit der Wahrscheinlichkeitsdichte $f(v_x)$ multipliziert werden und für alle Geschwindigkeiten „addiert" bzw. integriert werden. Aus [Gl. (1.7)] und der Berechnung des Faktors A folgt direkt:

$$f(v_x) = \sqrt{\frac{\beta m}{2\pi}}\, e^{-\beta \frac{mv_x^2}{2}}.$$

Nun kann die Integration durchgeführt werden:

$$E_{d,x} = \int\limits_{-\infty}^{\infty} \frac{m}{2} v_x^2 f(v_x)dv_x.$$

$$= \sqrt{\frac{\beta m}{2\pi}} \frac{m}{2} \int\limits_{-\infty}^{\infty} v_x^2 e^{-\beta \frac{mv_x^2}{2}} dv_x.$$

Die Lösung des unbestimmten Integrals finden wir in Tabelle 5.1. Unter Berücksichtigung der Integrationsgrenzen folgt:

$$E_{d,x} = \sqrt{\frac{\beta m}{2\pi}} \, \frac{m}{2} \left[\frac{\sqrt{\frac{\pi}{2}} \, \mathrm{Fehlf}\!\left(\sqrt{\frac{\beta m}{2}} \, v_x\right)}{(\beta m)^{3/2}} - \frac{e^{-\frac{1}{2}\beta m v_x^2} \, v_x}{\beta m} \right]_{v_x=-\infty}^{v_x=\infty}$$

$$= \sqrt{\frac{\beta m}{2\pi}} \, \frac{m}{2} \left[\frac{\sqrt{\frac{\pi}{2}}\,1)}{(\beta m)^{3/2}} \right] - \sqrt{\frac{\beta m}{2\pi}} \, \frac{m}{2} \left[\frac{\sqrt{\frac{\pi}{2}}\,(-1))}{(\beta m)^{3/2}} \right]$$

$$= \frac{1}{2\beta}.$$

Das bedeutet, der Wert $1/\beta$ entspricht der doppelten mittleren kinetischen Energie eines Teilchens längs einer Achse oder, und das ist in diesem Zusammenhang lediglich eine andere Sprechweise, einem Freiheitsgrad der statistischen Bewegung.

An dieser Stelle muss der Zusammenhang zwischen der Temperatur eines Gases und der mittleren kinetischen Energie der Gaspartikel in einer Bewegungsrichtung definiert werden:

$$\frac{1}{\beta} = 2\,E_{d,x} = k\,T. \tag{1.9}$$

Den Proportionalitätsfaktor, der die Temperaturskala mit der Skala der kinetischen Energie verknüpft, nennt man *Boltzmann*konstante. Sie beträgt

$$k = 1{,}380658 \times 10^{-23} \, \frac{\mathrm{J}}{\mathrm{K}}.$$

Das bedeutet beispielsweise, dass sich bei einer Temperaturerhöhung eines Gases um $1\,\mathrm{K}$ die mittlere kinetische Energie eines Teilchens pro Freiheitsgrad um $2\,1{,}380658 \times 10^{-23}\,\mathrm{J}$ erhöht.[3] Der Zusammenhang hat eine große Bedeutung für die Berechnung der kinetischen Energie von Gaspartikeln. Deshalb ist ihm weiter unten noch ein ganzes Kapitel gewidmet (Abschn. 1.4).

Es wird noch einmal explizit die zu bestimmende Größe genannt: $\beta = 1/kT$. Damit wird die Verteilungsfunktion

$$f(v_x) = A\,e^{-\beta\,\frac{m v_x^2}{2}} = \sqrt{\frac{\beta m}{2\pi}}\,e^{-\beta\,\frac{m v_x^2}{2}} = \sqrt{\frac{m}{2\pi kT}}\,e^{-\frac{m v_x^2}{2kT}}. \tag{1.10}$$

Sie beschreibt, in welchem Maße der Mittelwert der Geschwindigkeit von Gaspartikeln längs *einer* Koordinatenachse von 0 abweicht.

Bisher haben wir die Bewegung der Gasteilchen nur auf einer Achse betrachtet. Erweitern wir diese Gedanken auf ein räumliches System mit drei Raumrichtungen x, y und z, so ist die Wahrscheinlichkeit, ein Partikel mit den Geschwindigkeitskoordinaten v_x, v_y und v_z vorzufinden, das Produkt von drei Wahrscheinlichkeiten in jeweils einer Raumrichtung:

---

[3] William *Thomson* oder auch Lord *Kelvin* (1824 bis 1907), Professor in Glasgow und Cambridge.

$$f(|\,v\,|) = f_x(v_x)\,f_y(v_y)\,f_z(v_z)$$

$$= \sqrt{\frac{m}{2\pi kT}}\; e^{-\frac{mv_x^2}{2kT}}\;\sqrt{\frac{m}{2\pi kT}}\; e^{-\frac{mv_y^2}{2kT}}\;\sqrt{\frac{m}{2\pi kT}}\; e^{-\frac{mv_z^2}{2kT}}$$

$$= \left(\sqrt{\frac{m}{2\pi kT}}\right)^3 e^{-\frac{m(v_x^2+v_y^2+v_z^2)}{2kT}} \tag{1.11}$$

$$= \left(\sqrt{\frac{m}{2\pi kT}}\right)^3 e^{-\frac{mv^2}{2kT}} \tag{1.12}$$

mit $|\,v\,|^2 = v^2 = v_x^2 + v_y^2 + v_z^2$.

Diese Funktion wird *Verteilungsdichte* genannt. Sie beschreibt, in welchem Maße die resultierende Geschwindigkeit in allen Raumrichtungen von 0 abweicht.

In Abb. 1.1 wird die Bedeutung der Verteilungsdichte gezeigt. Von den Partikeln A und B gehen Geschwindigkeitsvektoren aus, Teilabbildung (a). Bei Teilchen A heben sich die einzelnen Geschwindigkeitskomponenten auf, sodass die resultierende Geschwindigkeit den Wert 0 hat. Die Verteilungsfunktionen in Teilabbildung (b) zeigen, dass dieser Zustand mit größter Wahrscheinlichkeit eintritt. Bei Teilchen B ist die Resultierende ungleich 0. Dieser Bewegungszustand ist weitaus seltener anzutreffen. Die dargestellten Verteilungsfunktionen sind für Wasserstoffmoleküle (Masse: das Zweifache der atomaren Masseneinheit ($m = 2\,m_0 = 2\,1{,}66057 \times 10^{-27}\,\mathrm{kg} = 3{,}33 \times 10^{-27}\,\mathrm{kg}$)) bei Temperaturen von 300 und 1300 K berechnet worden. Die Position der beiden Teilchen A und B ist schematisch dargestellt.

Aufgrund der enormen Anzahl der Moleküle hebt sich mit an Sicherheit grenzender Wahrscheinlichkeit die Wirkung aller Zustandsänderungen auf. Das Gas befindet sich makroskopisch gesehen in Ruhe. Es ist einfach nicht zu erwarten, dass sich ohne äußeres Zutun ein Großteil der Gaspartikel in die eine und der Rest in die entgegengesetzte Richtung bewegt und dabei womöglich ein zu dünnwandiges Behältnis zerstört.

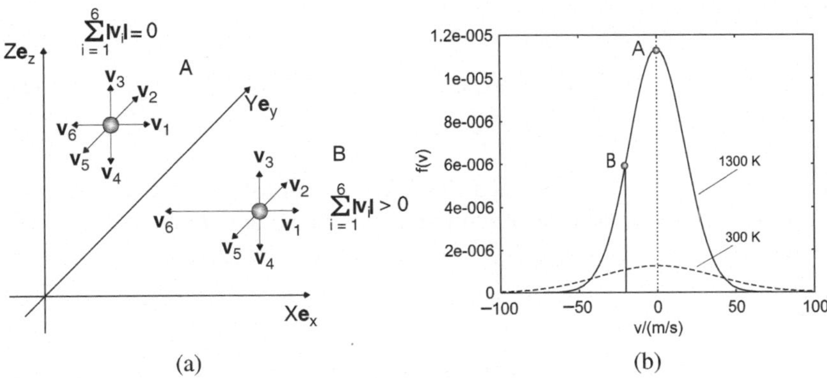

Abb. 1.1 Verteilungsdichte von Geschwindigkeiten

2: *Berechnung mit welcher Wahrscheinlichkeit sich ein Teilchen in einem bestimmten Geschwindigkeitsintervall befindet.* Vom ersten Teil der Herleitung wird die Beziehung [Gl. (1.6)] benötigt. Sie wird für den Betrag der resultierenden Geschwindigkeit eines Gasteilchens verallgemeinert:

$$\frac{dn}{n} = f(v)dv = Ae^{-\beta\frac{m}{2}v^2}dv.$$

Der Quotient ist der relative Anteil der Gasteilchen im Geschwindigkeitsintervall v bis $v + dv$. Als Nächstes wird die Größe β eingesetzt. Es ergibt sich:

$$f(v)dv = Ae^{-\frac{mv^2}{2kT}}dv.$$

Betrachtet wird die Bahngeschwindigkeit der frei im Raum bewegenden Gasteilchen und nicht deren Bewegung längs einer ausgesuchten Achse. Deshalb lautet die Normierungsbedingung:

$$\int\limits_0^\infty f(v)dv = 1. \tag{1.13}$$

Alle Teilchen haben eine Geschwindigkeit zwischen 0 und beliebig großen Werten.

Jetzt wird, analog zur Oberfläche bzw. dem Volumen einer Kugel im Ortsraum, mit den Geschwindigkeitsvektoren der einzelnen Partikel ein Geschwindigkeitsraum aufgespannt. Abbildung 1.2 zeigt einen Schnitt durch den kugelförmigen Raum. Zur Verdeutlichung sind mehrere Vektoren eingezeichnet. Natürlich hat ein Molekül zu einem gegebenen Zeitpunkt nur eine resultierende Geschwindigkeit. Die Kugeloberfläche beträgt $4\pi v^2$. Sie begrenzt die untere Geschwindigkeit im Geschwindigkeitsraum. Die Dicke der unendlich dünnen Schicht beträgt dv. Somit ergibt sich das Volumen, Fläche $\times$ Höhe, in dem sich die Pfeilspitzen der Vektoren befinden zu $4\pi v^2 \times dv$.

Damit erhalten wir folgende Beziehung:

$$\frac{dn}{n} = f(v)dv = \underbrace{C\,4\pi v^2}_{A}\, e^{\frac{-mv^2}{2kT}}dv. \tag{1.14}$$

Durch den Term $4\pi v^2$ ändert sich der Wert der Konstante vor dem Exponentialausdruck. Die neue Konstante wird ab dieser Stelle der Herleitung C genannt. Berechnet werden muss nur noch die Lösung folgenden Integrals:

$$C\int\limits_0^\infty 4\pi v^2 e^{\frac{-mv^2}{2kT}}\,dv = 1.$$

Abb. 1.2 Schematische
Darstellung des
Geschwindigkeitsraumes

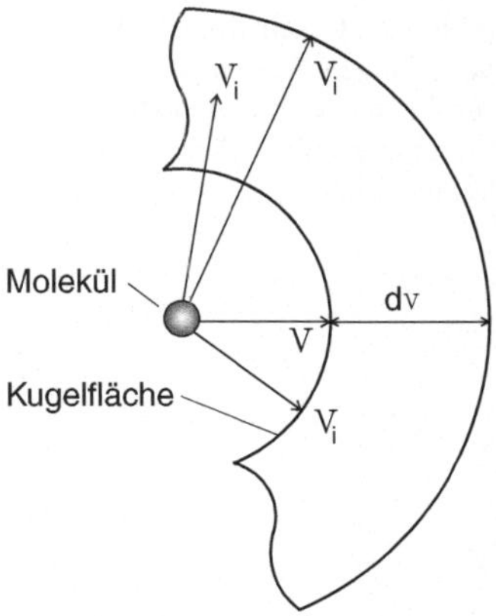

Dazu ist es vorteilhaft die Substitution

$$a = \frac{m}{2kT} \tag{1.15}$$

zu verwenden. Es folgt mit Hilfe der Tabelle 5.1:

$$4\pi C \int\limits_0^\infty v^2 e^{-av^2} dv = 4\pi C \left[\sqrt{\pi}\frac{\text{Fehlf}(\sqrt{a}v)}{4\,a^{3/2}} - v\frac{e^{-av^2}}{2a} \right]_{v=0}^{v=\infty} = 1. \tag{1.16}$$

Hieraus folgt direkt

$$(4\pi C)\left(\frac{\sqrt{\pi}}{4\,a^{3/2}}\right) = C\left(\frac{a}{\pi}\right)^{3/2} = 1$$

und durch Auflösen nach C und Verwenden der Substitution [Gl. (1.15)] ergibt
sich:

$$C = \frac{1}{2\sqrt{2}\,\pi^{3/2}}\left(\frac{m}{kT}\right)^{3/2}.$$

Nach Einsetzen von C in unsere Ausgangsbeziehung [Gl. (1.14)] erhalten wir das

Maxwellsche Gesetz der Geschwindigkeitsverteilung: Von den in einer Volumeneinheit befindlichen n Molekülen bewegen sich dn mit Geschwindigkeiten, die im Intervall $v + dv$
liegen, entsprechend der folgenden Beziehung:

$$dn = n\,f(v)dv = n\sqrt{\frac{2}{\pi}\left(\frac{m}{kT}\right)^3}\,v^2\,e^{\frac{-mv^2}{2kT}}\,dv \tag{1.17}$$

Abb. 1.3 Geschwindigkeits-
verteilungen $f_1(v)$ und $f_2(v)$
für Wasserstoffmoleküle bei
zwei unterschiedlichen
Temperaturen

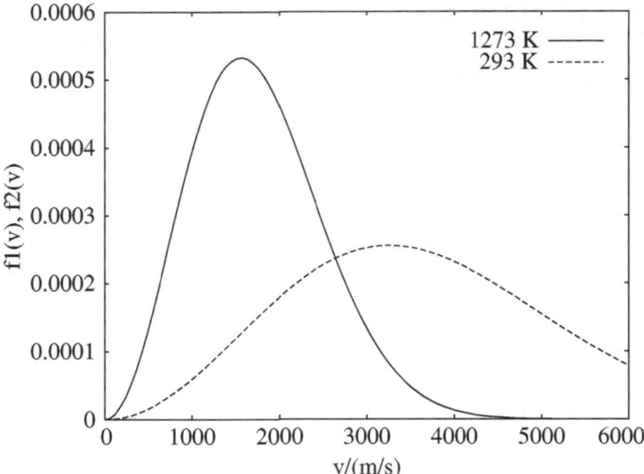

Die Funktion

$$f(v) = \sqrt{\frac{2}{\pi}\left(\frac{m}{kT}\right)^3}\, v^2\, e^{\frac{-mv^2}{2kT}} \tag{1.18}$$

ist die gesuchte Verteilungsfunktion oder mathematisch exakter die Verteilungsdichte. Dividiert man [Gl. (1.17)] durch die Gesamtzahl der Moleküle, so erhält man die
Größe dn/n. Das ist der gesuchte relative Anteil der Partikel im gegebenen Geschwindigkeitsintervall. In Abb. 1.3 wird analog zu Abb. 1.1 die Verteilungsfunktion am Beispiel des Wasserstoffmoleküls bei Temperaturen von 293 und 1273 K
dargestellt.

1.3 Die Energieverteilung

Es gibt eine Anzahl von Prozessen in der Natur, z. B. die Ionisation, bei der eine
bestimmte Energieschwelle überschritten werden muss, um den jeweiligen Prozess
auszulösen. Wir betrachten Prozesse, bei denen die Energie durch Gase zugeführt
wird. Um abschätzen zu können, wie groß der Anteil der Gasmoleküle ist, deren
Energie E die prozessspezifische Energieschwelle E_{grenz} übertrifft, wird die *Maxwell*sche Geschwindigkeitsverteilung auf die kinetische Energie umgerechnet:

$$E = \frac{m}{2}v^2 \quad \text{d. h.} \quad v = \sqrt{\frac{2E}{m}} \quad \text{bzw.} \quad \frac{dv}{dE} = \frac{1}{\sqrt{2mE}}.$$

Werden die Terme für v und dv in die Beziehung (1.17),

$$dn = f(v)dv = n\sqrt{\frac{2}{\pi}\left(\frac{m}{kT}\right)^3}\, v^2\, e^{-\frac{mv^2}{2kT}}\, dv,$$

eingesetzt, so erhält man

$$dn = n\, f(E)\,dE = n\, \frac{2\sqrt{E}}{\sqrt{\pi}}\,(kT)^{-3/2} e^{\frac{-E}{kT}}\,dE. \tag{1.19}$$

Abbildung 1.4 zeigt die Verteilungsfunktion $f(E)$ für eine Temperatur von $T = 300\,\text{K}$. Die Energiewerte auf der Abszisse sind in Vielfachen von $k\,T$ angegeben Das Maximum der Kurve markiert den Energiewert E_m, den Teilchen mit der größten Wahrscheinlichkeit haben. Weiterhin ist die mittlere Energie eines Gaspartikels E_d eingezeichnet.

Integriert man die auf die Energieverteilung umgerechnete *Maxwell*-Verteilung [Gl. (1.19)], so liefert sie analog zu den Überlegungen im Abschn. 1.2 den relativen Anteil der Gaspartikel in einem Intervall zwischen E_1 und E_2.

$$\int_{E_1}^{E_2} \frac{dn}{n}.$$

An dieser Stelle muss angemerkt werden, dass die praktizierte Schreibweise durchaus üblich, aber mathematisch nicht ganz richtig ist. Die Größe n ist die Gesamtpartikelzahl in unserem System und somit eine Konstante, die auch vor das Integralzeichen geschrieben werden könnte. Es wird nur über dn integriert, was einfach eine Teilchendifferenz ergibt.[4]

Berechnet wird noch der Anteil der Gasteilchen dn/n zwischen einer Grenzenergie $E_1 = E_{\text{grenz}}$, ab der der gewünschte Prozess stattfinden kann, und Teilchen beliebig großer Energie, $E_2 \to \infty$. Dazu ist folgendes Integral zu lösen:

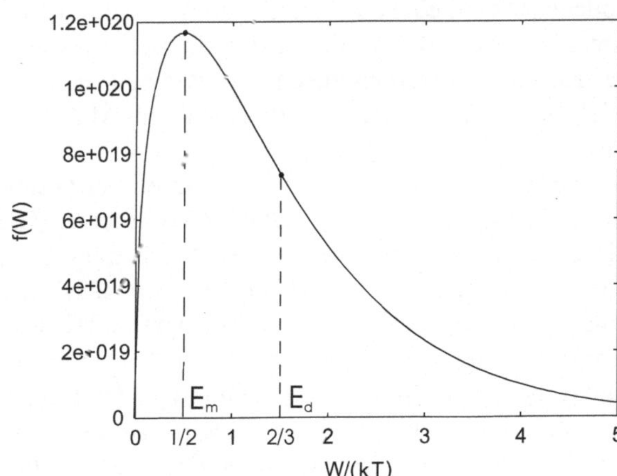

Abb. 1.4 Die Energieverteilung $f(E)$ für $T = 300\,\text{K}$, (E_d…durchschnittliche Energie, E_m…wahrscheinlichste Energie)

---

[4] Das gilt natürlich auch für die entsprechenden Rechnungen im Abschn. 1.2.

$$\int\limits_{E_1=E_\text{grenz}}^{E_2=\infty} \frac{2\sqrt{E}}{\sqrt{\pi}}(kT)^{-3/2}e^{\frac{-E}{kT}}\,dE$$

Mit der Substitution $a = 1/(kT)$ wird die rechte Seite der Beziehung vereinfacht zu:

$$\frac{2}{\sqrt{\pi}}\,a^{3/2}\int\limits_{E_\text{grenz}}^{\infty}\sqrt{E}\,e^{-aE}\,dE.$$

Daraus folgt direkt:

$$\frac{dn}{n} = \frac{2}{\sqrt{\pi}}\,a^{3/2}\left[-\frac{e^{-aE}\sqrt{E}}{a} + \frac{\sqrt{\pi}\,\text{Fehlf}\left(\sqrt{aE}\right)}{2a^{3/2}}\right]_{E=E_\text{grenz}}^{E=\infty}$$
$$= 1 - \text{Fehlf}\left(\sqrt{a\,E_\text{grenz}}\right).$$

Wird in die letzte Beziehung wieder der Wert für a eingesetzt, so erhält man die Fläche des sog. *Maxwell*-Schwanzes:

$$\frac{\Delta n}{n} = 1 - \text{Fehlf}\left(\sqrt{\frac{E_\text{grenz}}{kT}}\right). \tag{1.20}$$

Es wurde die Schreibweise $\Delta n/n$ gewählt, um deutlich zu machen, dass es sich bei Δn nicht nur um einen infinitesimalen Beitrag handelt, sondern um eine „richtige" Teilchenanzahl, einen u. U. recht großen Anteil an der Gesamtmenge der Gasteilchen. Bezieht man diese Fläche des *Maxwell*-Schwanzes auf die Gesamtfläche unter der Kurve, die natürlich gleich 1 ist, wie man sich durch Einsetzen von $E_\text{grenz} = 0$ leicht überzeugen kann, so erhält man ein Maß für die Intensität des jeweiligen Prozesses.

Die Abb. 1.5 zeigt den relativen Anteil der Gasmoleküle in Abhängigkeit von der Temperatur, Grafik (a), und der Grenzenergie, Grafik (b). Im Beispiel (a) wird die Grenzenergie konstant gehalten. Sie beträgt $E_\text{grenz} = 6.2 \times 10^{-21}$ J. Das ist, wie wir in der Folge sehen werden [Gl. (1.22)], die mittlere kinetische Energie eines Teilchens bei einer Temperatur von 300 K. Das bedeutet, dass bei Zimmertemperatur nur etwa 16 % der Gasteilchen einen Prozess mit der angegebenen Grenzenergie auslösen können. Mit steigender Temperatur wächst dieser Anteil, so dass bei 1300 K etwa 50 % der Teilchen zum gewünschten Prozess beitragen. Die Darstellung (b) zeigt die Abnahme der Intensität dieses Prozesses mit steigender Grenzenergie. Diese wird in Vielfachen der bereits genannten mittleren kinetischen Energie angegeben. Je größer die prozessspezifische Grenzenergie ist, umso geringer ist die Intensität des Prozesses, wenn die Temperatur des Gases nicht erhöht wird.

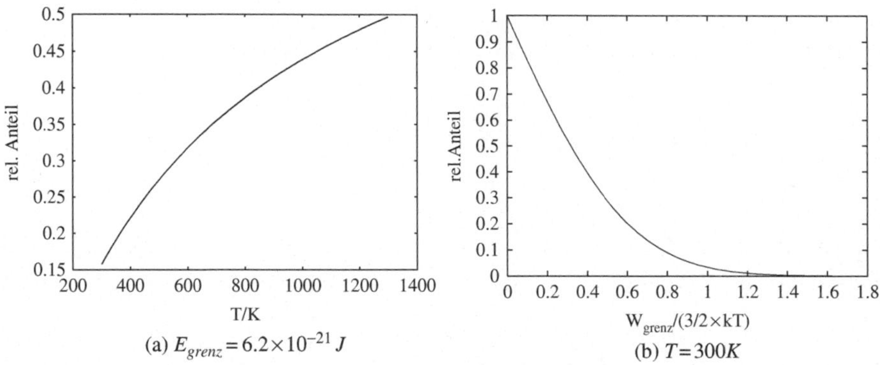

Abb. 1.5 Intensität eines Prozesses als Funktion der Temperatur bei konstanter Grenzenergie (**a**) und als Funktion der Grenzenergie bei konstanter Temperatur (**b**)

Beispiel:
Gesucht ist die wahrscheinlichste Energie eines einatomigen Gases.

Lösung:
Die wahrscheinlichste Energie folgt aus einer Extremwertberechnung. Zu ermitteln ist das Maximum E_m der Verteilungsfunktion $f(E)$:

$$\frac{d}{dE} f(E(E_m)) = 0 = \frac{d}{dE}\left(\frac{2\sqrt{E_m}}{\sqrt{\pi}} (kT)^{-3/2} e^{\frac{-E_m}{kT}} \right)$$

$$= \frac{e^{\frac{-E_m}{kT}}}{\sqrt{E_m \pi}\,(kT)^{\frac{3}{2}}} - \frac{2\sqrt{E_m}\, e^{\frac{-E_m}{kT}}}{\sqrt{\pi}\,(kT)^{\frac{5}{2}}}$$

$$= \frac{e^{\frac{-E_m}{kT}}}{\sqrt{E_m \pi (kT)^{\frac{5}{2}}}} (kT - 2E_m)$$

und ergibt

$$E_m = \frac{kT}{2}. \tag{1.21}$$

Das ist die wahrscheinlichste Energie, die ein Teilchen bei einer ausschließlich transversalen Bewegung im Raum hat. Es liegen keine Schwingungen innerhalb eines Moleküls und auch keine Rotationsbewegungen vor.

Beispiel:
Gesucht ist die mittlere kinetische Energie eines einatomigen Gases.

Lösung:
Die mittlere kinetische Energie eines Gases berechnet sich wie folgt:

$$E_d = \int\limits_0^\infty E\, f(E)\, dE = \int\limits_0^\infty E\, \frac{2\sqrt{E}}{\sqrt{\pi}}\, (kT)^{-3/2}\, e^{-E/(kT)}\, dE.$$

Zur Erhöhung der Übersichtlichkeit wird die Substitution $a = 1/kT$ eingeführt und danach das Integral gelöst:

$$E_d = \frac{2}{a^{3/2}\sqrt{\pi}} \int\limits_0^\infty \sqrt{E}\, E\, e^{-Ea} = \frac{2}{\sqrt{\pi}\, a^{-3/2}} \Bigg[-E^{3/2}\, \frac{e^{-Ea}}{a}$$

$$+ \frac{3}{a} \bigg(-\frac{1}{2a} \sqrt{E}\, e^{-Ea} + \frac{1}{4a^{3/2}} \sqrt{\pi}\, \mathrm{Fehlf}\big(\sqrt{Ea}\big) \bigg) \Bigg]_0^\infty .$$

Vereinfacht, und unter Berücksichtigung der Substitution, erhalten wir

$$E_d = \frac{3}{2} kT. \tag{1.22}$$

Das ist die mittlere Energie eines Gasteilchens bei rein translataler Bewegung ohne Schwingungen innerhalb des Teilchens und ohne Rotationsbewegungen.

1.4 Das Äquipartitionsprinzip

Die Anzahl der Möglichkeiten der Bewegung eines Gasteilchens im Raum wird als Freiheitsgrad bezeichnet. Ein Teilchen, das sich in alle drei Raumrichtungen bewegen kann, hat also drei Freiheitsgrade. Wir machen einen Rückgriff auf die Herleitung der *Maxwell*schen Verteilung und stellen [Gl. (1.9)] nach der Energie um. Dabei benennen wir $E_{d,x}$ im Interesse der Anpassung an die meist übliche Schreibweise in E um, ohne die physikalische Aussage zu ändern. So erhalten wir das *Äquipartitionsprinzip* auch Gleichverteilungssatz genannt:

> Auf jeden Freiheitsgrad eines Moleküls entfällt bei der Temperatur T im zeitlichen und räumlichen Mittel die Energie
>
> $$E = \frac{1}{2} kT. \tag{1.23}$$

Bei der Temperatur $T = 0$ verschwindet die Energie eines Gasteilchens.[5] Wenn man dem Teilchen dann keine Energie mehr entziehen kann, bedeutet das auch,

---

[5] Das ist eine Betrachtungsweise der klassischen Physik. Die Quantentheorie lehrt, dass auch bei der Temperatur $T = 0$ noch eine sog. Nullpunktenergie vorliegt.

Abb. 1.6
Rotationsmöglichkeiten eines
zweiatomigen Moleküls

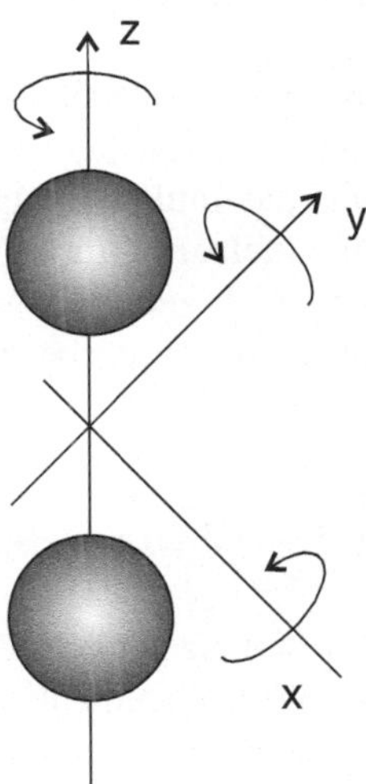

dass die Temperatur $0\,\mathrm{K}$ auch die tiefste Temperatur ist.[6] Außer der Bewegung längs der drei Raumachsen, *Translation*, ist es weiterhin möglich, dass sich Teilchen um ihre eigene Achse drehen, *Rotation*, oder auch innerhalb des Moleküls *Schwingungen* ausführen. Betrachten wir ein zweiatomiges Molekül. Seine Drehbewegung wird in drei unabhängige Bewegungen um die Hauptträgheitsachsen zerlegt. Folglich kann es mit drei Freiheitsgraden rotieren. Abbildung 1.6 zeigt eine schematische Darstellung. Die drei möglichen Rotationsachsen werden hier mit x, y und z bezeichnet. Rotationsbewegungen um Trägheitsachsen, bei denen das Drehmoment sehr klein ist (in der Abbildung um die z-Achse), kommen praktisch nicht vor. Das trifft auch auf einatomige Gase zu. Schwingungen von Atomen innerhalb eines Moleküls sind ebenfalls vernachlässigbar.[7] In Tabelle 1.1 sind die möglichen Freiheitsgrade für verschiedene Atom- bzw. Molekülstrukturen zusammengestellt.

Tabelle 1.1 Anzahl der Freiheitsgrade in Abhängigkeit vom Molekülaufbau

Anzahl der Atome	Freiheitsgrade der	
	Translation	Rotation
1	3	0
2	3	2
≥ 3	3	3

---

[6] Die Thermodynamik zeigt, dass es nicht möglich ist die Temperatur $0\,\mathrm{K}$ zu erreichen. Es ist lediglich möglich, sich ihr beliebig zu nähern.

[7] Der Leser, dem diese Erklärung nicht genügt, kann eine Begründung in Lehrbüchern der Quantenphysik, Stichwort – Einfrieren von Freiheitsgraden, finden.

1.5 Charakteristische Geschwindigkeiten

Werden die physikalischen Eigenschaften von Gasmolekülen betrachtet, genügt es nicht, nur von deren Geschwindigkeit zu sprechen. Es werden die wahrscheinlichste und die mittlere Geschwindigkeit voneinander unterschieden. Ausführlich wird die unmittelbare Grundaussage der *Maxwell*schen Geschwindigkeitsverteilung erläutert, die Fragestellung, welcher relative Anteil der Gaspartikel eine Geschwindigkeit in einem vorgegebenen Geschwindigkeitsintervall hat.

1.5.1 Wahrscheinlichste Geschwindigkeit

Die wahrscheinlichste Geschwindigkeit ist diejenige, die ein Gasteilchen mit größter Wahrscheinlichkeit hat. Zur Berechnung wird die *Maxwell*sche Geschwindigkeitsverteilung [s. Gl. (1.18)] benutzt. Die Funktion $f(v)$ ist Null bei $v = 0$ und $v = \infty$. Dazwischen liegt ein Maximum, bei dem sich bei gegebener Temperatur eine maximale Anzahl von Molekülen bewegt, d. h. beim Maximum der Funktion liegt die wahrscheinlichste Geschwindigkeit vor. Es wird die Stelle $v = v_m$ der Funktion $f(v)$ berechnet, bei der sie maximal ist:

$$\frac{d}{dv} f(v_m) = 0.$$

Mit [Gl. (1.18)] folgt hieraus direkt:

$$\sqrt{\frac{2}{\pi}} \left(\frac{m}{kT}\right)^3 \left(2v_m\, e^{\frac{-mv_m^2}{2kT}} - v_m^3\, \frac{m}{kT}\, e^{\frac{-mv_m^2}{2kT}}\right) = 0 \quad \text{bzw. mit} \quad v_m \neq 0$$

$$v_m = \sqrt{\frac{2kT}{m}}. \tag{1.24}$$

1.5.2 Mittlere Geschwindigkeit

Die mittlere Geschwindigkeit ist das arithmetische Mittel der Geschwindigkeiten aller Gasmoleküle. Es werden zwei unterschiedliche Wege zur Herleitung gezeigt. In der ersten Darstellung wird wie althergebracht das arithmetische Mittel berechnet. Es werden die Geschwindigkeiten aller Gasteilchen addiert und die Summe durch deren Anzahl dividiert. Nur wird die Addition durch eine Integration ersetzt. Beim zweiten Weg wird, wie bei der Herleitung des *Maxwell*schen Gesetzes, ein Teil der Rechnung im Geschwindigkeitsraum ausgeführt. Es wird wieder für die Anzahl der Teilchen in einem Geschwindigkeitsintervall ein entsprechender analytischer Ausdruck gefunden, der sich integrieren lässt.

1.5.2.1 Mittelung aller Geschwindigkeiten

Die Durchschnittsgeschwindigkeit errechnet sich zu:

$$v_d = \frac{\int_0^\infty v\,dn}{n} = \int_0^\infty v\,\frac{dn}{n}.$$

Mit [Gl. (1.17)] folgt

$$v_d = \int_0^\infty \frac{v}{n}\,n\,f(v)dv = \int_0^\infty v\,f(v)dv \tag{1.25}$$

$$= \int_0^\infty v\,\sqrt{\frac{2}{\pi}\left(\frac{m}{kT}\right)^3}\,v^2 e^{\frac{-mv^2}{2kT}}\,dv = \sqrt{\frac{2}{\pi}\left(\frac{m}{kT}\right)^3}\,\int_0^\infty v^3 e^{\frac{-mv^2}{2kT}}\,dv.$$

Wir benutzen die Lösung aus Tabelle 5.1 sowie die Substitution $a = \frac{m}{2kT}$ und schreiben vorerst nur das Integral ohne Berücksichtigung des Vorfaktors um:

$$\int_0^\infty v^3 e^{-av^2}\,dv = \frac{1}{2a^2}.$$

Durch Einsetzen des Terms für a erhalten wir:

$$\frac{1}{2a^2} = 2\frac{k^2 T^2}{m^2}.$$

Unter Berücksichtigung des Ausdruckes vor dem Integral ergibt sich

$$v_d = \sqrt{\frac{2}{\pi}\left(\frac{m}{kT}\right)^3}\,2\frac{k^2 T^2}{m^2}$$

und vereinfacht

$$v_d = \sqrt{\frac{8kT}{\pi m}}. \tag{1.26}$$

Die mittlere Geschwindigkeit eines Gasteilchens vergrößert sich bei ansteigender Temperatur. Je größer die Masse des Partikels, umso kleiner ist bei gegebener Temperatur dessen Geschwindigkeit.

1.5.2.2 Auswertung der Geschwindigkeitsvektoren

Im Folgenden wird eine Formel für die mittlere Geschwindigkeit hergeleitet. Dabei gehen wir davon aus, dass der Mittelwert des Geschwindigkeitsvektors eines Gaspartikels Null wird, $\bar{\vec{v}} = 0$, der Mittelwert des Betrages der Geschwindigkeit selbstredend ungleich 0 ist. Die mittlere Geschwindigkeit errechnet sich zu

$$v_d = \int\limits_0^\infty \int\limits_0^\infty \int\limits_0^\infty vf(v)dv_x dv_y dv_z. \tag{1.27}$$

An dieser Stelle wird noch einmal eine Rechnung im Geschwindigkeitsraum benötigt (vgl. Abschn. 1.2 in Verbindung mit der Abb. 1.2). Die Spitzen aller Vektoren mit Beträgen zwischen v und $v + dv$, aber mit unterschiedlichen Richtungen, liegen in einer Kugelschale mit dem Volumen

$$4\pi v^2 \, dv.$$

Deshalb kann das Integral (1.27) im Geschwindigkeitsraum folgendermaßen formuliert werden:

$$v_d = \int\limits_0^\infty 4\pi v^2 \, vf(v) \, dv.$$

Unter Benutzung der Umformung

$$\sqrt{\frac{2}{\pi} \left(\frac{m}{kT}\right)^3} = 4\pi \left(\frac{m}{2\pi kT}\right)^{3/2}$$

beim Schreiben der *Maxwell*schen Geschwindigkeitsverteilung [Gl. (1.18)] erhalten wir:

$$v_d = \int\limits_0^\infty 4\pi v^3 \left(\frac{m}{2kT\pi}\right)^{3/2} e^{\frac{-mv^2}{2kT}} \, dv. \tag{1.28}$$

Der Ausdruck wird vereinfacht mit $a = m/2kT$. Es ergibt sich

$$v_d = \int\limits_0^\infty 4\pi v^3 a^{3/2} e^{-av^2} dv \tag{1.29}$$

bzw.

$$v_d = 4\pi a^{3/2} \int_0^\infty v^3 e^{-av^2} dv. \tag{1.30}$$

Das Integral wurde im vorhergehenden Abschnitt berechnet. Unter Berücksichtigung des Vorfaktors und der Substitution erhalten wir sofort:

$$v_d = \sqrt{\frac{8kT}{\pi m}}. \tag{1.31}$$

Wie zu erwarten, haben die beiden Rechenwege zur Ermittlung der Durchschnittsgeschwindigkeit das gleiche Ergebnis.

Zur Verdeutlichung der Größenordnung der in Gasen herrschenden Teilchengeschwindigkeiten werden in Abbildung 1.7 die wahrscheinlichste und die mittlere Geschwindigkeit von Wasserstoff und Stickstoff als Funktion der Temperatur dargestellt. Wasserstoff ist das leichteste (2 atomare Masseneinheiten) und damit bei gegebener Temperatur schnellste Gas. Die Massen von Stickstoff (28 atomare Masseneinheiten) und Luft (29 atomare Masseneinheiten) unterscheiden sich nur geringfügig. Die mittlere Geschwindigkeit ist aufgrund der Asymmetrie der *Maxwell*schen Verteilung um den Faktor

$$\frac{\sqrt{8kT/\pi m}}{\sqrt{2kT/m}} = \sqrt{4/\pi}$$

größer als die wahrscheinlichste Geschwindigkeit. Beide Geschwindigkeiten erhöhen sich mit wachsender Temperatur und verringern sich bei gegebener Temperatur mit steigender Masse des Gases.

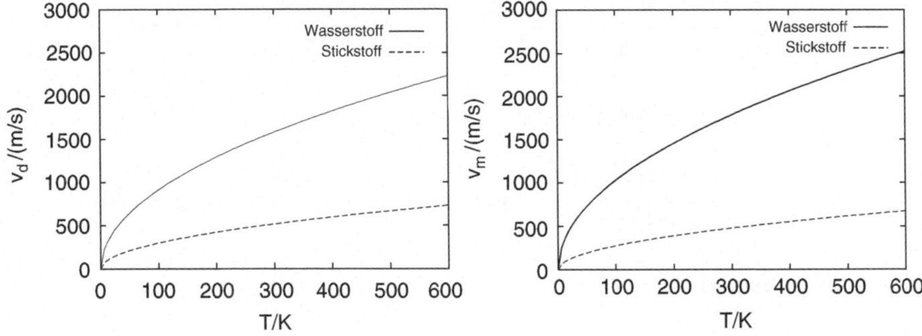

Abb. 1.7 Wahrscheinlichste und mittlere Geschwindigkeit von Wasserstoff und Stickstoff als Funktion der Temperatur

Beispiel:
Gesucht ist der relative Anteil der Wasserstoffmoleküle, die sich bei einer Temperatur von 20 °C mit einer Geschwindigkeit kleiner 7,9 km/s (erste kosmische Geschwindigkeit) bewegen.

Lösung:
Verwendet werden die *Maxwell*sche Geschwindigkeitsverteilung:

$$\frac{dn}{n} = \sqrt{\frac{2}{\pi}\left(\frac{m}{kT}\right)^3}\, v^2\, e^{\frac{-mv^2}{2kT}}\, dv$$

sowie die Temperatur $T = (273 + 20)\,\mathrm{K} = 293\,\mathrm{K}$, die Masse eines Wasserstoffmoleküls $m = 1{,}66057 \times 10^{-27}\,2\,\mathrm{kg}$ und die *Boltzmann*konstante $k = 1{,}380658 \times 10^{-23}\,\mathrm{J/K}$.
Das Integral der linken Seite der *Maxwell*schen Geschwindigkeitsverteilung

$$\int_{v_1}^{v_2} \frac{dn}{n}$$

ist die relative Anzahl von Partikeln im Intervall zwischen $v_1 = 0$ und $v_2 = 7900\,\mathrm{m/s}$. Zur Auswertung ist das Integral auf der rechten Seite zu berechnen:

$$\int_{v_1}^{v_2} \sqrt{\frac{2}{\pi}\left(\frac{m}{kT}\right)^3}\, v^2\, e^{\frac{-mv^2}{2kT}}\, dv.$$

Das ist recht kompliziert. Zur Vereinfachung werden die Geschwindigkeiten auf die wahrscheinlichste Geschwindigkeit v_m normiert. Dazu wird als erstes v_m berechnet:

$$v_m = \sqrt{\frac{2kT}{m}} = \sqrt{\frac{2\,1{.}380658 \times 10^{-23}\,\mathrm{J/K}\,293\,\mathrm{K}}{1{,}66057 \times 10^{27}\,2\,\mathrm{kg}}} = 1561\,\mathrm{m/s}.$$

Die Relativgeschwindigkeiten ergeben sich zu

$$u_1 = \frac{v_1}{v_m} = \frac{0}{1561\,\mathrm{m/s}} = 0 \quad \text{und} \quad u_2 = \frac{v_2}{v_m} = \frac{7900\,\mathrm{m/s}}{1561\,\mathrm{m/s}} = 5{,}061$$

bzw. verallgemeinert

$$u = \frac{v}{\sqrt{\frac{2kT}{m}}}$$

und nach v aufgelöst

$$v = u \sqrt{\frac{2kT}{m}}.$$

Daraus folgt

$$\frac{dv}{du} = \sqrt{\frac{2kT}{m}} \qquad \text{bzw.} \qquad dv = du \sqrt{\frac{2kT}{m}}.$$

Das wird in die *Maxwell*sche Verteilung eingesetzt. Es ergibt sich:

$$\sqrt{\frac{2}{\pi}} \left(\frac{m}{kT}\right)^3 \int_{u_1}^{u_2} \left(\frac{u\sqrt{2kT}}{\sqrt{m}}\right)^2 e^{-m \frac{\left(u\sqrt{2kt/m}\right)^2}{2kT}} \, d\left(u\sqrt{2kT/m}\right) = \frac{4}{\sqrt{\pi}} \int_{u_1}^{u_2} u^2 e^{-u^2} \, du$$

Tabelle 5.1 im Anhang enthält die Lösung des unbestimmten Integrals:

$$\int x^2 \, e^{-ax^2} \, dx$$

zu

$$\frac{-1}{2} x \, \frac{e^{-ax^2}}{a} + \frac{\sqrt{\pi} \, \text{Fehlf}(\sqrt{a}\, x)}{4a^{3/2}}.$$

Berücksichtigen wir noch den Vorfaktor, setzen $x = u$ sowie $a = 1$ und beachten die Integrationsgrenzen, so erhalten wir:

$$\frac{dn}{n} = \frac{4}{\sqrt{\pi}} \left[\frac{-1}{2} u \, \frac{e^{-u^2}}{1} + \frac{\sqrt{\pi}\,\text{Fehlf}(\sqrt{1}\,u)}{4 \times 1^{3/2}}\right]_{u_1=0}^{u_2=5,061} = 1 = 100\,\%. \qquad (1.32)$$

Alle Wasserstoffatome haben bei 20 °C eine Geschwindigkeit kleiner als die erste kosmische Geschwindigkeit.

Diese Rechnung ist von besonderer Bedeutung, da sie die unmittelbare Grundaussage der *Maxwell*schen Geschwindigkeitsverteilung behandelt. Aus diesem Grund wurde die Vereinfachung durch Normierung der Geschwindigkeiten gezeigt und es wird nachfolgend eine Hilfestellung zur numerischen Behandlung der obigen Fragestellung gegeben. Dazu wird die [Gl. (1.32)] für eine ausreichende Anzahl von u_2 berechnet und für die erhaltenen Wertepaare eine Regressionsrechnung mit einem Polynom 6. Ordnung

$$\frac{dn}{n} = \sum_{i=0}^{i=6} a_i u^i \qquad (1.33)$$

Tabelle 1.2 Koeffizienten zur Auswertung der Maxwellschen Geschwindigkeitsverteilung mit Hilfe der [Gl. (1.33)]

Koeffizient	Wert
a_0	0.0027
a_1	−0.056
a_2	0.0964
a_3	1.1103
a_4	−1.0181
a_5	0.3238
a_6	−0.0355

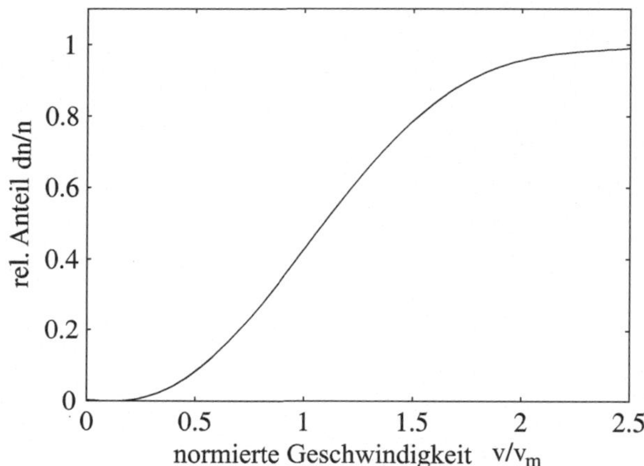

Abb. 1.8 Grafische Darstellung des Polynoms [Gl. (1.33)] zur Erleichterung der Auswertung der Maxwellschen Geschwindigkeitsverteilung

durchgeführt. In der Tabelle 1.2 sind die Koeffizienten a_i aufgelistet und die dazugehörige graphische Darstellung wird in Abb. 1.8 gezeigt.

In unserem Fall beträgt der abgelesene Wert des Integrals, der zur oberen Integrationsgrenze (normierten Geschwindigkeit $u_2 = 5{,}061$) gehört, $dn/n = 1$. Von diesem ist die zum normierten unteren Wert des Geschwindigkeitsintervalls, $u_1 = 0$ gehörende relative Teilchenmenge, $(dn/n = 0)$, zu subtrahieren. Das Ergebnis ist $1 = 100\,\%$.

Literaturverzeichnis

1. H. Vogel. *Gerthsen Physik*. Springer-Verlag, Berlin; Heidelberg, 1997.

Kapitel 2
Zustandsgleichungen

Bei einer Gasmenge mit der Masse M bzw. der Teilchenzahl n sind die Kenngrößen Druck, Volumen und Temperatur makroskopisch messbar. Werden zwei von ihnen variiert, so ist die dritte eindeutig bestimmt. Der Zusammenhang zwischen diesen Größen wird durch die *Zustandsgleichung* beschrieben.

2.1 Ideale Gase

Es werden Gesetze hergeleitet, bei denen Kräfte zwischen den Gasteilchen vernachlässigt und die Gasmoleküle und -atome als Massepunkte betrachtet werden. Dabei gilt:

1. Die mittlere Energie der Gaspartikel hängt nur von ihrer Masse und der Temperatur ab, nicht jedoch vom Druck.
2. Die Geschwindigkeitsvektoren aller Moleküle sind im Gleichgewichtszustand über alle Raumrichtungen gleichmäßig verteilt. Im Gasraum gibt es keine Vorzugsrichtung.
3. Die Gasteilchen füllen den gesamten Raum des Behältnisses gleichmäßig aus.
4. Die Teilchendichte hängt nur vom Druck und der Temperatur ab. Sie ist unabhängig von der Gasart.

Hat ein Gas diese Eigenschaften, so wird es als ideales Gas bezeichnet.

2.1.1 Die Druckformel oder die Grundgleichung der kinetischen Gastheorie

Zur Herleitung der Zustandsgleichung wird zuerst der Druck eines Gases auf die es umschließende Behälterwand berechnet. Der Behälter sei quaderförmig und eine der Wände habe die Fläche A. Eine zweidimensionale schematische Darstellung zeigt Abb. 2.1. Hier steht beispielsweise die x-Achse senkrecht auf der Begrenzungsfläche [Teil (a)]. Die Bewegung der Partikel ist ungeordnet. Das bedeutet, dass ein Sechstel aller Teilchen auf eine Wand zufliegt. Dabei treffen in einem Zeitintervall

D. Richter, *Mechanik der Gase*, Springer-Lehrbuch,
DOI 10.1007/978-3-642-12723-6_2, © Springer-Verlag Berlin Heidelberg 2010

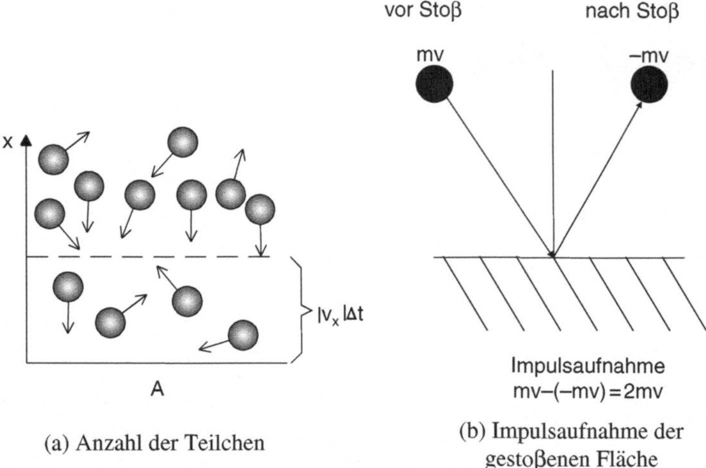

Abb. 2.1 Zur Herleitung der Druckformel

dt nur diejenigen Moleküle auf die Fläche, die höchstens den Abstand vdt haben. Sie befinden sich im Volumen $A\,vdt$. Die Größe v ist die Geschwindigkeit der Moleküle. Damit ist die Anzahl der Stöße auf A in der Zeit dt:

$$\frac{1}{6} \times \frac{\text{Teilchenanzahl}}{\text{Volumen}} \times \text{Volumen} = \frac{1}{6} \times n_V \times A\,vdt.$$

Die Größe n_V ist die Teilchendichte, also die Anzahl der Teilchen pro Volumen.

Uns interessiert, welchen Impuls die stoßenden Teilchen auf die Wand übertragen. Ein Teilchen habe die Masse m und vor dem Stoß den Impuls mv. Nach dem Stoß fliegt es in entgegengesetzte Richtung unter dem gleichen Winkel und dem gleichen Betrag der Geschwindigkeit, also mit betragsmäßig gleichem Impuls, von der Wand wieder weg. Es hat an die Wand den Impuls $2\,mv$ abgegeben. Die Ursache der Impulsänderung besteht darin, dass die Wand eine Kraft auf das Gasteilchen ausübt. In molekularen Dimensionen gesehen, kann ein Gasteilchen durchaus unter einem bestimmten Winkel und einem bestimmten Impuls auf die Wand treffen und unter einem völlig anderen Winkel bzw. betragsmäßig unterschiedlichem Impuls reflektiert werden. Wir müssen jedoch bedenken, dass es sich um eine sehr große Anzahl von Molekülen handelt. So kann für jedes ankommende Teilchen eines gefunden werden, das mit dem „richtigen" Impuls (Geschwindigkeit und Richtung) reflektiert wird. Wir können die Reflexion als einen stetigen Prozess betrachten. Abbildung 2.1, Teil (b), soll das verdeutlichen.

Der Gesamtimpuls dp_{imp}, den die Wand in der Zeit dt aufnimmt, ist der Impuls eines Teilchens multipliziert mit der Anzahl der Teilchen.

$$dp_{\text{imp}} = (2\,mv)\left(\frac{1}{6}\,n_V\,vdt\right) = \frac{1}{3}n_V m A v^2 dt.$$

Daran anschließend wird die Frage nach der Kraft bzw. dem Druck beantwortet. Wird der Impuls eines Körpers nach der Zeit abgeleitet, so erhält man die auf ihn einwirkende Kraft. Dividiert man diese durch die Fläche A, so ergibt sich der auf die Fläche wirkende Druck. Offen bleibt noch, welches nun die Geschwindigkeit v ist, denn die Teilchen haben unterschiedliche Geschwindigkeiten. Gesucht wird das Mittel der Geschwindigkeitsquadrate aller stoßenden Teilchen $\overline{v^2}$. Bevor diese Frage beantwortet wird, wollen wir die auf die Fläche wirkende Kraft und den zugehörige Druck p betrachten:

$$F = \frac{dp_{\text{imp}}}{dt} = \frac{1}{3}\,n_V m A \overline{v^2}. \tag{2.1}$$

Daraus folgt der Druck:

$$p = \frac{F}{A} = \frac{1}{3}\,n_V m \overline{v^2}. \tag{2.2}$$

Diese Gleichung bezeichnet man als *Grundgleichung der kinetischen Gastheorie* von *Daniel Bernoulli* oder auch als Druckformel. Ihre Bedeutung liegt darin, dass es möglich ist, lediglich mit makroskopisch messbaren Größen (Druck und Dichte) die charakteristischen Geschwindigkeiten der Gaspartikel in einem Gefäß zu bestimmen. Wir ermitteln vorerst das Mittel des Geschwindigkeitsquadrates. In der Folge (Abschn. 2.1.2) wird gezeigt, wie dieses von der Temperatur abhängt, so dass mit Hilfe der Temperatur die charakteristischen Geschwindigkeiten berechnet werden können.

Im Abschn. 2.2 wird erläutert, dass sich der Druck im Inneren eines Gases vom direkt messbaren Druck unmittelbar an den Begrenzungen eines Gasvolumens unterscheidet. Die Grundgleichung der kinetischen Gastheorie beschreibt streng genommen nur den Druck im Inneren eines Gases.

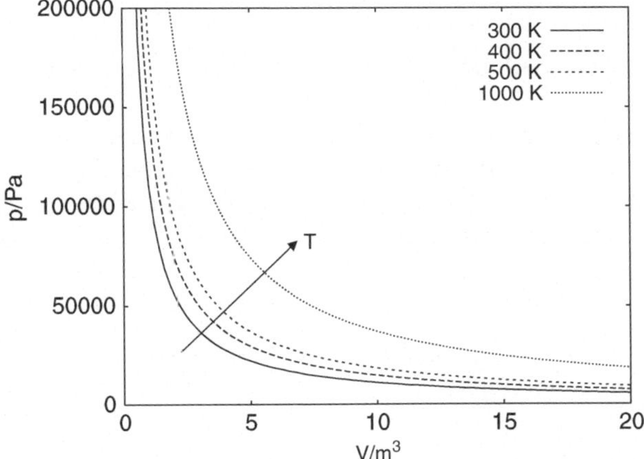

Abb. 2.2 Druck-Volumen-Abhängigkeit $p = p(V)$ bei unterschiedlichen Temperaturen

Die Größe $m\overline{v^2}$ ist die doppelte kinetische Energie eines Gaspartikels. Sie ist bei gegebener Temperatur eindeutig bestimmt. Deshalb kann die [Gl. (2.2)] auch so gelesen werden, dass für unterschiedliche Gase bei gleicher Teilchendichte der Druck gleich groß ist. Das ist der Beweis für das *Avogadro*ische Gesetz, welches besagt, dass sich in einem Mol eines Gases immer dieselbe Anzahl von Teilchen befindet.

2.1.2 Die Zustandsgleichung für ideale Gase

In einem zweiten Schritt wird aus der genannten Grundgleichung die Zustandsgleichung hergeleitet. Dazu betrachten wir die wahrscheinlichste Energie eines Gasteilchens [s. Gl. (1.22)], welches sich in alle drei Ortsrichtungen bewegt, aber nicht rotiert: $E_{\text{kin}} = \frac{3}{2}kT$. Diese Energie ist gleich der kinetischen Energie eines Teilchens, wie es aus der klassischen Mechanik bekannt ist: $E_{\text{kin}} = \frac{m}{2}\overline{v^2}$, wobei $\overline{v^2}$ das Mittel der quadrierten Geschwindigkeiten der Moleküle eines Gasraumes ist. Aus $E_{\text{kin}} = \frac{3}{2}kT = \frac{m}{2}\overline{v^2}$ folgt direkt: $\overline{v^2} = \frac{3kT}{m}$. Da die Quadratwurzel $\sqrt{3kT/m}$ des erhaltenen Ausdrucks hin und wieder als mittlere Geschwindigkeit bezeichnet wird, sei nochmals explizit festgestellt, dass diese Interpretation falsch ist. Es handelt sich um die Quadratwurzel aus dem Mittel der quadrierten Geschwindigkeiten der Moleküle eines Gasraumes. Setzt man diesen Term in die Grundgleichung von *Bernoulli* ein, so folgt

$$p = \frac{1}{3}n_V m\overline{v^2} = \frac{1}{3}n_V m\, 3\,\frac{k}{m}\,T = n_V kT. \tag{2.3}$$

Wird diese Gleichung mit dem Volumen des Gasraumes multipliziert, so erhält man die *Zustandsgleichung für ideale Gase*

$$pV = nkT \tag{2.4}$$

mit p dem Druck der Gasteilchen im Volumen V bei der Anzahl der Teilchen n und der Temperatur T.

Beim Gebrauch der Zustandsgleichung ist es auch üblich, statt mit der Teilchenanzahl n mit der Anzahl der Mole ν zu rechnen. Dazu wollen wir die Zustandsgleichung umformen. Ein Mol besteht aus N_A Molekülen. Die Größe N_A ist die *Avogadro*ische[1] Konstante. Sie sagt aus, wie viele Teilchen sich in einem Mol einer Substanz befinden:

$$N_A = 6{,}022045 \times 10^{23}\, \frac{\text{Gasteilchen}}{\text{mol}}. \tag{2.5}$$

---

[1] *Amadeo Avogadro*, 1776 bis 1856, Prof. in Turin.

Wir erweitern in der [Gl. (2.3)] aus der Herleitung der Zustandsgleichung den Bruch k/m mit der Anzahl der Moleküle eines Mols N_A:

$$\frac{k}{m}\,\frac{N_A}{N_A} = \frac{R}{M}.$$

(2.6)

Im Nenner wird die Masse eines Teilchens mit der Anzahl der Teilchen pro Mol multipliziert, also die Masse M eines Mols angegeben. Im Zähler von [Gl. (2.6)] haben wir eine neue Konstante eingeführt:

$$R = N_A\,k.$$

(2.7)

Es handelt sich um die *Allgemeine Gaskonstante* mit

$$R = 6{,}022045 \times 10^{23}\,\frac{\text{Gasteilchen}}{\text{mol}}\ 1{,}380658 \times 10^{-23}\,\frac{\text{J}}{\text{K}} = 8{,}31\,\frac{\text{J}}{\text{K}\,\text{mol}}.$$

(2.8)

Lösen wir die [Gl. (2.7)] nach k auf, $k = R/N_A$, und setzen diesen Term in die Zustandsgleichung [Gl. (2.4)] ein, so erhalten wir

$$pV = \frac{n}{N_A}\,R\,T.$$

Dabei hat der Bruch auf der rechten Seite der Gleichung folgende Bedeutung:

$$\frac{n}{N_A} = \frac{\text{Anzahl der Teilchen}}{\text{Anzahl der Teilchen pro mol}} = \text{Anzahl der Mole} = \nu.$$

Es wird die Bezeichnung *Teilchen* verwendet, weil es sich nicht ausschließlich um Moleküle, sondern bei Edelgasen auch um einzelne Atome handelt.

Somit lautet die zweite übliche Schreibweise der *Zustandsgleichung für ideale Gase*:

$$pV = \nu RT.$$

(2.9)

Abbildung 2.2 zeigt die Druck-Volumen-Abhängigkeit unter Benutzung der Zustandsgleichung [Gl. (2.4)] bei unterschiedlichen Temperaturen für ein Mol eines Gases.

Beispiel:
Anzugeben sind die charakteristischen Geschwindigkeiten eines Gases unter Verwendung der Allgemeinen Gaskonstante.

Lösung:
Mit $k/m = R/M$ ergeben sich aus den Gleichungen für die wahrscheinlichste Geschwindigkeit v_m [Gl. (1.24)] und mittlere Geschwindigkeit v_d [Gl. (1.31)]:

$$v_m = \sqrt{\frac{2RT}{M}} \quad \text{bzw.} \quad v_d = \sqrt{\frac{8RT}{\pi M}}. \tag{2.10}$$

In den nachfolgenden Abschnitten werden einige Schlussfolgerungen aus der Zustandsgleichung gezogen. Dabei wird die Anzahl der Gasteilchen in allen Betrachtungen konstant gehalten.

Beispiel:
Berechnung der mittleren Geschwindigkeit eines Wasserstoffmoleküls bei 293 K unter Verwendung der atomaren Masseneinheit $m_0 = 1{,}66057 \times 10^{-27}$ kg und der Molmasse von 2 g/mol.

Lösung:
Der Molmasse von 2 g/mol entnehmen wir, dass die Molekülmasse zwei atomare Masseneinheiten (H_2) beträgt: $m = 2\,m_0 = 2\,1{,}66057\,10^{-27}$ kg $= 3{,}33\,10^{-27}$ kg.

Diese Masse und die vorgegebene Temperatur werden in die Gleichung für die mittlere Geschwindigkeit [Gl. (2.10)] eingesetzt:

$$
\begin{aligned}
v_d &= \sqrt{\frac{8\,kT}{\pi m}} = \sqrt{\frac{8 \times 1{,}380658 \times 10^{-23}\mathrm{J/K} \times 293\,\mathrm{K}}{\pi \times 2\,1.66057 \times 10^{-27}\,\mathrm{kg}}} \\
&= \sqrt{\frac{8 \times 1{,}380658 \times 10^{-23}\mathrm{kg\,m\,s^{-2}\,m\ K^{-1}} \times 293\,\mathrm{K}}{\pi \times 2 \times 1{,}66057 \times 10^{-27}\,\mathrm{kg}}} \\
&= 1761\ \mathrm{m/s}.
\end{aligned}
$$

Bei der direkten Verwendung der Molmasse ist die [Gl. (1.31)] zu benutzen:

$$
\begin{aligned}
v_d &= \sqrt{\frac{8\,RT}{\pi\,M}} = \sqrt{\frac{8 \times 8{,}314\,\mathrm{J\,K^{-1}\,mol^{-1}} \times 293\,\mathrm{K}}{\pi \times 2 \times 10^{-3}\,\mathrm{kg\,mol^{-1}}}} \\
&= \sqrt{\frac{8 \times 8{,}314\,\mathrm{kg\,m^2\,s^{-2}\,K^{-1}\,mol^{-1}} \times 293\,\mathrm{K}}{\pi \times 2 \times 10^{-3}\,\mathrm{kg\,mol^{-1}}}} \\
&= 1761\ \mathrm{m/s}.
\end{aligned}
$$

Zur Erläuterung der Rechnung mit den Maßeinheiten wird die Energiemenge 1 J in den physikalischen Grundgrößen angegeben:

$$1\,\mathrm{J} = 1\,Nm = 1\left(\mathrm{kg}\,\frac{\mathrm{m}}{\mathrm{s}^2}\right)m = 1\,\mathrm{kg\,m^2\,s^{-2}}.$$

2.1.3 Das Gesetz von Boyle-Mariotte

Dieses Gesetz beschreibt den Zusammenhang von Volumen und Druck eines Gases bei konstanter Temperatur. Damit wird die gesamte rechte Seite der Gleichung

[Gl. (2.9)] zu einer Konstanten. Es verbleibt:

$$pV = \text{const.} \quad \text{bzw.} \quad p \propto V^{-1} \quad \text{mit} \quad T = \text{const.} \tag{2.11}$$

Das Produkt aus dem Volumen eines Gases und dem herrschenden Druck ist bei unveränderter Temperatur konstant.

2.1.4 Das Gesetz von Gay-Lussac

Dieses Gesetz beschreibt, wie sich der Druck eines Gases bei Temperaturänderungen verhält. Dazu wird das Volumen konstant gehalten. Aus der Zustandsgleichung [Gl. (2.9)] folgt

$$p = \frac{\nu R}{V} T \quad \text{bzw.} \quad p \propto T \quad \text{mit} \quad V = \text{const.} \tag{2.12}$$

Der Druck eines Gases ist der Änderung der absoluten Temperatur proportional, wenn das Volumen des Gasraumes konstant gehalten wird.

2.1.5 Das Gesetz von Charles

Dieses Gesetz beschreibt die Abhängigkeit des Volumens von der Temperatur, wenn der Druck eines Gases konstant gehalten wird. Aus [Gl. (2.9)] folgt:

$$V = \frac{\nu R}{p} T \quad \text{bzw.} \quad V \propto T \quad \text{mit} \quad p = \text{const.} \tag{2.13}$$

Wird der Druck eines Gases konstant gehalten, so ist das benötigte Volumen proportional der absoluten Temperatur.

2.1.6 Der kubische Ausdehnungskoeffizient

Es wird ein Gasvolumen mit einer Temperatur T und dem Druck p betrachtet. Der Druck soll konstant gehalten werden, so dass sich bei einer Temperaturänderung $\triangle T$ das ursprüngliche Volumen V_0 auf das Volumen V_1 um $\triangle V$ verändert. Es gilt:

$$V_1 = V_0 + \triangle V = V_0 + \gamma V_0 \triangle T \quad \text{bzw.} \quad \triangle V = \gamma V_0 \triangle T. \tag{2.14}$$

Gesucht ist der kubische Ausdehnungskoeffizient γ. Dass Gesetz von *Charles* besagt, dass unter den gegebenen Bedingungen die Volumenänderung proportional der absoluten Temperatur ist. Zur Verdeutlichung stellen wir uns vor, dass das Gas die Temperatur von $0\,°\mathrm{C} = 273,15\,\mathrm{K}$ habe. Damit ist $1/273,15$ des Gasvolumens aufgrund der Proportion [Gl. (2.13)] der Temperatur 1 K „zugeordnet". Wird nun die Temperatur um $\Delta T = 1$ K erhöht, so muss sich das Gas um das $1/273,15$ Fache ausdehnen. Aus [Gl. (2.14)], rechter Teil, ergibt sich, dass der kubische Ausdehnungskoeffizient $\gamma = 1/273,15\,\mathrm{K}^{-1}$ beträgt.[2]

2.1.7 Das Daltonsche Gesetz

Bei idealen Gasen liegt keine Wechselwirkung zwischen den einzelnen Gasteilchen vor. Der Druck eines Gases hängt bei gegebener Temperatur und den Gefäßdimensionen lediglich von der Anzahl der Teilchen ab. Liegt nun kein einheitliches Gas, sondern ein Gasgemisch aus i verschiedenen Gassorten vor, so hat jede einzelne Komponente gemäß der Zustandsgleichung des idealen Gases den Partialdruck p_i,

$$p_i = n_i\,\frac{kT}{V},$$

und trägt mit diesem zum Gesamtdruck p bei. Dieser Sachverhalt heißt *Dalton*sches Gesetz.[3] Allgemein formuliert lautet es:

$$p = \sum_{j=1}^{i} n_j\,\frac{kT}{V}. \tag{2.15}$$

Der Gesamtdruck des Gases ist die Summe der Partialdrücke.

2.1.8 Differentielle Größen

In den vorangegangenen Abschnitten wurde behandelt, wie der Druck eines Gases bei konstanter Temperatur vom Volumen und bei konstantem Volumen von der Temperatur abhängt. Des Weiteren wurde die Abhängigkeit des Volumens von der Temperatur bei konstantem Druck beschrieben. Oft ist es aber auch notwendig zu wissen, was in einem Gasbehälter passiert, wenn sich *eine* Variable der Zustandsgleichung ändert. Das wird mit den differenziellen Größen berechnet.

2.1.8.1 Ausdehnungskoeffizient

Der Ausdehnungskoeffizient α gibt eine Information über das Volumens eines Gases in Abhängigkeit von der Temperatur bei konstantem Druck und konstanter

---

[2] Die Annahme einer Temperatur von $0\,^{\circ}\mathrm{C}$ beeinflusst nicht das Ergebnis. Betrüge die Temperatur $0\,^{\circ}\mathrm{C} + X\,^{\circ}\mathrm{C} = (273,15 + X)$ K, so wäre $1/(273,15 + X)$ des Volumens der Temperatur $(273,15 + X)$ K zugeordnet, also entspricht 1 K wieder dem $1/273,15$-ten Anteil.

[3] John Dalton, 1766 bis 1844, Professor in Manchester.

Teilchenzahl. Zu seiner Berechnung wird der Anstieg des $V = V(T)$-Diagramms [Abb. 2.3, Grafik (a)] eines idealen Gases auf das Volumen bezogen:

$$\alpha = \frac{1}{V} \frac{\partial V}{\partial T}\bigg|_{p,n=\text{const.}} \;.$$ (2.16)

2.1.8.2 Spannungskoeffizient

Verändert man bei konstantem Volumen und konstanter Teilchenzahl die Temperatur eines Gases, so verändert sich auch der Druck. Ein Maß dafür ist der Spannungskoeffizient β. Zu seiner Berechnung wird der Anstieg im $p = p(T)$-Diagramm [Abb. 2.3, Grafik (b)] auf den Druck bezogen:

$$\beta = \frac{1}{p} \frac{\partial p}{\partial T}\bigg|_{V,n=\text{const.}}$$ (2.17)

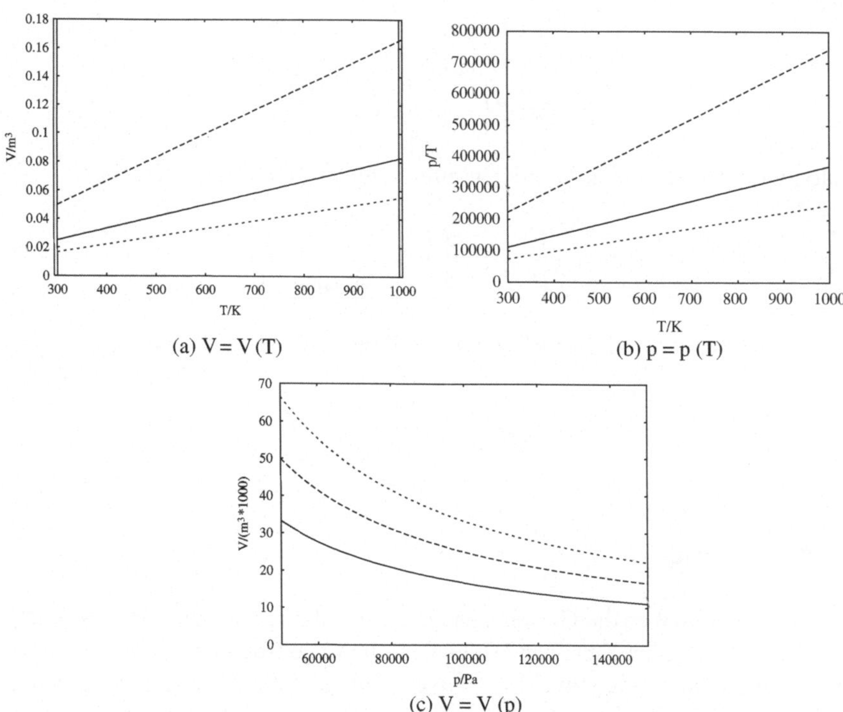

(a) V = V (T)

(b) p = p (T)

(c) V = V (p)

Abb. 2.3 Zur Bestimmung differentieller Größen [(a)…Ausdehnungskoeffizient, (b)…Spannungskoeffizient und (c)…isotherme Kompressibilität]. Die Gasmenge beträgt stets 1 mol.

2.1.8.3 Isotherme Kompressibilität

Bei einer gegebenen Temperatur und Teilchenzahl hängt das Volumen eines Gases vom Druck ab [Abb. 2.3, Grafik (c)]. Unter der isothermen Kompressibilität κ_T versteht man den Anstieg der Funktion $p = p(T)$ bezogen auf das Volumen. Zusätzlich wird ein Minuszeichen eingeführt, damit der Koeffizient positiv wird. Das soll ein Ausdruck dafür sein, dass sich das Volumen verkleinert, wenn ein Gas zusammengedrückt wird. Diese an sich banale Feststellung erhält eine Bedeutung, wenn im Abschn. 2.2.2 eine der Zustandsgleichungen von realen Gasen behandelt wird.

$$\kappa_T = -\frac{1}{V}\frac{\partial V}{\partial p}\bigg|_{T,n=\text{const.}} \tag{2.18}$$

Beispiel:
Wir wollen den Ausdehnungskoeffizienten, den Spannungskoeffizienten und die isotherme Kompressibilität für ideale Gase bestimmen.

Lösung:
Zur Berechnung des Ausdehnungskoeffizienten wird die Zustandsgleichung des idealen Gases $pV = nkT$ nach dem Volumen aufgelöst und dieses in [Gl. (2.16)] eingesetzt:

$$\alpha = \frac{1}{\frac{nkT}{p}}\frac{\partial}{\partial T}\frac{nkT}{p}\bigg|_{p,n=\text{const.}} = \frac{1}{T}.$$

Analog wird der Spannungskoeffizient mit Hilfe von [Gl. (2.17)] berechnet:

$$\beta = \frac{1}{\frac{nkT}{V}}\frac{\partial}{\partial T}\frac{nkT}{V}\bigg|_{V,n=\text{const.}} = \frac{1}{T}.$$

Zur Berechnung der isothermen Kompressibilität wird [Gl. (2.18)] benutzt:

$$\kappa_T = -\frac{1}{\frac{nkT}{p}}\frac{\partial}{\partial p}\frac{nkT}{p}\bigg|_{T,n=\text{const.}} = \frac{1}{p}.$$

2.2 Reale Gase

Bei realen Gasen haben die Gasteilchen ein Eigenvolumen und es wirken anziehende Kräfte zwischen den einzelnen Molekülen, die so genannten *van der Waals*schen Kräfte. Vorgestellt werden zwei Zustandsgleichungen, die Virialgleichung und die *van der Waals*sche Zustandsgleichung, die beide in der gastechnischen Praxis Bedeutung haben. Darüber hinaus werden weitere Zustandsgleichungen u.a. in [1] beschrieben.

2.2.1 Die Virialgleichung

Bei der Virialgleichung wird in die Zustandsgleichung für ideale Gase ein Kompressionsfaktor Z, auch Realgasfaktor genannt, eingefügt. Dieser soll die Wechselwirkung zwischen den Gaspartikeln sowie das Eigenvolumen der Teilchen berücksichtigen[4]:

$$pV = Z\,\nu RT \tag{2.19}$$

Wir beziehen das Volumen auf ein Mol und schreiben [Gl. (2.19)] auf folgende Weise:

$$pV_m = Z\,RT \tag{2.20}$$

Der Faktor Z ist temperaturabhängig und stellt mathematisch gesehen eine Potenzreihenentwicklung dar.

$$Z = 1 + \frac{B(T)}{V_m} + \frac{C(T)}{V_m^2} + \frac{D(T)}{V_m^3} + \ldots \tag{2.21}$$

Die Größen $B(T)$, $C(T)$,... heißen Virialkoeffizienten der ersten, zweiten u. s. w. Ordnung. Sie sind eine Maß für die Wechselwirkung zwischen zwei, drei und weiteren Teilchen. Zur Verdeutlichung der Größenordnung dieser Koeffizienten sind sie in Tabelle 2.1 für Methan aufgeführt [2].

Tabelle 2.1 Virialkoeffizienten für Methan

$T/°C$	$B/(10^{-3}\,m^3/mol)$	$C/(10^{-3}\,m^3/mol)$	$D/(10^{-3}\,m^3/mol)$
0	−0,0534	0,0024	26×10^{-5}
25	−0,0428	0,0021	15×10^{-5}
50	−0,0342	0,0022	$1,3 \times 10^{-5}$
100	−0,00210	0,0018	$2,7 \times 10^{-5}$
200	−0,0042	0,0015	$4,3 \times 10^{-5}$
300	0,0060	0,0014	$5,7 \times 10^{-5}$

2.2.2 Die van der Waalssche Gleichung

Van der Waals[5] schlug 1873 eine Zustandsgleichung vor, welche die Verhältnisse bei realen Gasen beschreibt. Ihr liegt die molekulare Modellvorstellung eines Starrkugelgases mit anziehender Dipol-Wechselwirkung zugrunde. In Übereinstimmung mit der Herleitung der idealen Gasgleichung wird unter dem Druck p derjenige

---

[4] Der Name ist an das lateinische Wort für Kräfte - vires - angelehnt.

[5] *Johannes Diderik van der Waals*, 1837 bis 1923, niederländischer Physiker und Professor in Amsterdam, 1910 Nobelpreis für Physik.

Druck verstanden, den ein Gas auf die Begrenzungswände des Behältnisses ausge-
übt. Dieser Druck ist u. a. von der Geschwindigkeit der Gasteilchen abhängig. In
der Realität ist die Geschwindigkeit in der Nähe der Wand jedoch etwas geringer
als im freien Volumen. Ursache hierfür ist, dass die Moleküle nahe der Wand von
den weiter innen im Gasraum befindlichen durch die *van der Waals*schen Kräfte
angezogen werden. Dadurch werden sie verlangsamt und haben unmittelbar an der
Wand eine geringere Geschwindigkeit. Der Druck gegen die Behälterwand wird dadurch gemäß der Grundgleichung der kinetischen Gastheorie [Gl. (2.2)] verringert.
Der Druck im freien Volumen ist größer als der Druck auf die Gefäßwand. Deshalb
muss in die Zustandsgleichung zum Druck eine additive Größe eingefügt werden.

Die Gaspartikel haben in der Realität ein Volumen. Dieses wirkt wie eine Verkleinerung des Gasraums, den die Partikel bei idealen Gasen „frei zur Verfügung"
haben. Deshalb muss in der Zustandsgleichung vom Volumen etwas abgezogen werden. Somit wird aus der idealen Gasgleichung die *van der Waals*sche Zustandsgleichung

$$\left(p + \frac{a}{V^2}\right)(V - b) = nkT. \tag{2.22}$$

Nach dieser Zustandsgleichung wird ein reales Gas dem idealen Gaszustand umso
näher sein, je größer bei gegebener Teilchenzahl und Temperatur das Volumen ist.
Das heißt, je niedriger der Druck bzw. die Dichte des Gases ist, umso mehr gilt:

$$\frac{a}{V^2} << p \quad \text{bzw.} \quad V - b \approx V.$$

Für diese Bedingungen geht die *van der Waals*sche Zustandsgleichung in die Zustandsgleichung des idealen Gases über.

Es stellt sich die Frage, warum im Korrekturterm das Volumen quadratisch vor-
kommt? *Van der Waals* nimmt an, dass die Anziehung der Teilchen von deren Stoßkraft und Frequenz abhängt. Bei der Herleitung der Grundgleichung der kinetischen
Gastheorie wurde gezeigt, dass die Stoßkraft proportional der Teilchendichte und
somit reziprok proportional dem Volumen ist. Weiter unten im Kapitel über die
Stoßfrequenz [S. 50, Gl. (3.8)] führen wir aus, dass diese Frequenz ebenfalls proportional der Teilchendichte ist und damit vom Kehrwert des Volumens abhängt.
Die Verbindung dieser beiden Annahmen führt zum Term $1/V^2$.

Die Größen a und b sind Konstanten, die von der jeweiligen Gasart abhängen.
Die Größe a ist der Kohäsionsdruck und b bezeichnet man als Kovolumen. Der
Kohäsionsdruck berücksichtigt die Anziehung der einzelnen Gaspartikel untereinander. Anstelle des gemessenen Drucks p wird in der Zustandsgleichung der höhere
Druck $(p + a/V^2)$ verwendet. Diese Korrektur hängt bei gegebener Teilchenzahl
vom Volumen ab. Je kleiner das Volumen ist, umso näher sind sich die Teilchen im
Gas und umso größer ist die Anziehungskraft untereinander, die sich im wachsen-
den Quotienten a/V^2 widerspiegelt. Durch die Einführung des Kovolumens wird
berücksichtigt, dass aufgrund der gegenseitigen Anziehungskräfte eine bestimmte

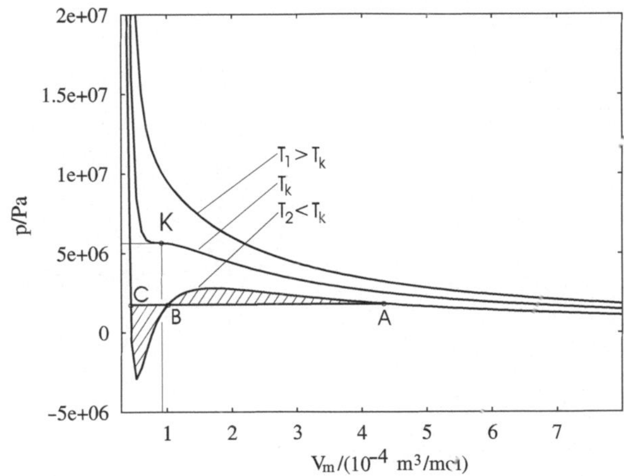

Abb. 2.4 Isothermen $p_r = p_r(V_r)$ von Sauerstoff unter Verwendung der *van-der-Waals*schen-Gleichung

Anzahl von Gasteilchen bei sonst unveränderten Bedingungen ein geringeres Volumen einnimmt, als es mit der Gasgleichung für ideale Gase angegeben wird.

Die *van der Waals*sche Zustandsgleichung beschreibt nicht nur die Eigenschaften des realen Gases, sondern auch die Verflüssigung von Gasen, wenn bei geeigneter Temperatur ein Gas genügend zusammengedrückt wird. Abbildung 2.4 zeigt die Darstellung der Isothermen für verschiedene Temperaturen am Beispiel von Sauerstoff. Die dafür notwendigen Parameter a und b werden im Beispiel auf Seite 37 berechnet. Für höhere Temperaturen verlaufen die Isothermen annähernd hyperbolisch, ähneln denen des idealen Gases sehr. Sinkt die Temperatur jedoch auf einen bestimmten Wert, so hat die Isotherme einen horizontalen Wendepunkt. Diese heißt kritische Isotherme und der Wendepunkt wird *kritischer Punkt* genannt. Er wird durch die kritische Temperatur T_k, dem kritischen Druck p_k und dem kritischen Volumen V_k charakterisiert. Im Volumen befindet sich eine Anzahl von n Gasteilchen, wie es [Gl. (2.22)] ausdrückt.

In der gastechnischen Praxis wird das Volumen meist auf die Anzahl der Mole ν des jeweiligen Gases bezogen: $V_m = V/\nu$. Deshalb sei die Zustandsgleichung noch einmal in dieser Form aufgeschrieben. Analog zur [Gl. (2.9)] erhalten wir

$$\left(p + \frac{\nu^2 a_m}{V_m^2} \right)(V_m - \nu b_m) = \nu RT. \tag{2.23}$$

Betrachten wir jetzt das Verhalten von Gasen auf einer Isotherme mit einer Temperatur kleiner als T_k. Zu Beginn sei das Gas weit vom kritischen Punkt entfernt und habe ein großes Volumen. Nun soll es isotherm zusammengedrückt werden. Gemäß unserer Darstellung in Abb. 2.5 steigt der Druck und das Volumen wird kleiner. Sind ein bestimmter Druck und das entsprechende Volumen erreicht (Punkt A), bleibt der Druck bei einer weiteren Verkleinerung des Volumens konstant. Erst bei Erreichen des Punktes C steigt der Druck sehr steil an. Die Zustandsänderung verläuft nicht entlang der Isothermen, sondern auf der Geraden vom Punkt A zum

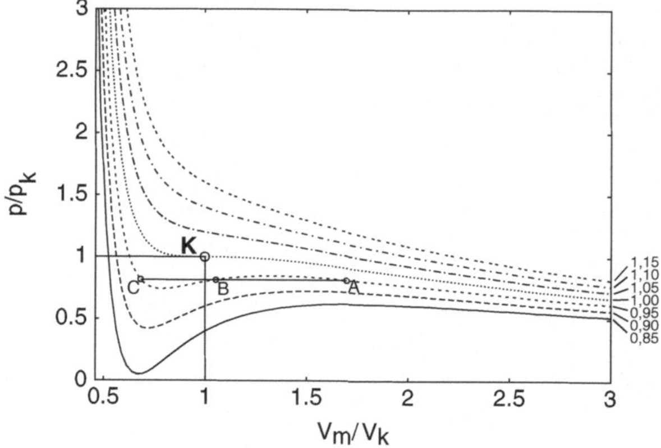

Abb. 2.5 Isothermen $p_r = p_r(V_r)$ der reduzierten *van der Waals*schen Gleichung

Punkt C. Beim Zusammendrücken des Gases hat sich Folgendes ereignet: Beim Erreichen des Punktes A begannen Teile des Gases zu kondensieren. Auf diese Weise konnte sich das Volumen verkleinern, ohne eine Druckänderung zu bewirken. Beim Erreichen des Punktes C war das Gas vollständig verflüssigt. Eine weitere Volumenreduktion ist mit einer drastischen Druckerhöhung verbunden, da Flüssigkeiten nahezu inkompressibel sind. Die Zustände längs der Isothermen zwischen A und C sind instabil und lassen sich, falls überhaupt, nur kurzzeitig erreichen. Insbesondere zwischen den Punkten B und C würde das Verbleiben auf der Isothermen bedeuten, dass sich mit verkleinerndem Volumen auch der Druck verringert, was einfach nicht möglich ist. Das Verflüssigen von Gasen ist nur bei Temperaturen unter der kritischen Temperatur möglich. In Tabelle 2.2 sind für einige Gase die kritischen Drücke und Temperaturen zusammengestellt [3].

Die Verbindungslinie zwischen A und C nennt man *Maxwell*sche Gerade. Sie ist so gelegen, dass die Fläche zwischen der Geraden und der Isothermen zwischen A und B gleich der entsprechenden Fläche zwischen B und C ist.

Zur Erklärung ([1], S. 1069) nehmen wir an, man könne auf der s-förmigen *van-der-Waals*schen-Isothermen eine gewisse Gasmenge verflüssigen und dann längs der üblichen Gerade $p =$ const. wieder verdampfen. Fasst man diesen Zyklus als Wärmekraftmaschine auf, dann muss ihr Wirkungsgrad 0 sein, weil man zwischen zwei Reservoiren gleicher Temperatur hin- und herfährt. Es darf also insgesamt keine Arbeit geleistet werden. Da sich die Arbeit im p-V-Diagramm durch die

Tabelle 2.2 Kritischer Druck und kritische Temperatur einiger Gase

Gas	p_k/bar	T_k/K	Gas	p_k/bar	T_k/K
He	2,29	5,3	H_2O	220,39	268,2
Ne	27,26	44,5	F_2	55,73	374,2
Ar	48,64	150,8	Cl_2	77,11	417,2
Kr	54,92	209,4	N_2	33,95	126,1
Xe	58,97	289,8	CO	34,96	133
H_2	12,97	33,3	CO_2	73,97	304,2
O_2	50,36	154,4			

umlaufene Fläche darstellt, muss diese Gesamtfläche gleich 0 sein. Für die übliche Überführungsgerade, die *Maxwell*-Gerade, bedeutet es, dass sie vom oberen Bogen des Zustandsdiagramms genau so viel Fläche (positiv gezählt) abschneidet, wie vom unteren Bogen (negativ gezählt).

Beispiel:
Aus der *van der Waals*schen Zustandsgleichung wollen wir mit Kenntnis des kritischen Drucks und des kritischen Volumens die Beziehungen für das Kovolumen und den Kohäsionsdruck herleiten und diese Größen für Sauerstoff berechnen.

Lösung:
Der erste Schritt besteht in der Aufstellung eines Gleichungssystems zur Berechnung der gesuchten Parameter: Ausgangspunkt ist die Zustandsgleichung (2.22). Der kritische Druck liegt auf der Wendetangente. Sie ist die Tangente am kritischen Punkt K der Kurve der kritischen Temperatur T_k in Abb. 2.4. Bei $T = $ const. gilt für die Wendetangente:

$$\left.\frac{\partial p}{\partial V}\right|_{T=\text{const.}} = 0 \quad \text{und} \quad \left.\frac{\partial^2 p}{\partial V^2}\right|_{T=\text{const.}} = 0. \tag{2.24}$$

Um diese Differenziale zu berechnen, ist die Zustandsgleichung in die Form $p = p(V)$ zu überführen. Durch Auflösen nach p ergibt sich direkt

$$p = \frac{-aV + ab + nkTV^2}{V^2(V - b)}.$$

In der Folge sind die erste und die zweite Ableitung zu bilden:

$$\frac{dp(V)}{dV} = \frac{2aV^2 - 4Vab - nkTV^3 + 2ab^2}{V^3(V - b)^2}$$

und

$$\frac{d^2p(V)}{dV^2} = -2\frac{-3aV^3 + 9abV^2 - 9Vab^2 + nkTV^4 + 3ab^3}{V^4(V - b)^3}.$$

Ab folgendem Rechenschritt gelten die Beziehungen nicht mehr allgemein für eine beliebige Isotherme in der $p = p(V)$ Darstellung, sondern nur noch im Punkt der Wendetangente (p_k, V_k) bei der kritischen Temperatur T_k. Deshalb sind diese Größen jeweils mit dem Index k versehen.

Die Ableitungen werden gleich Null gesetzt. Nun genügt es, jeweils den Zähler gleich Null zu setzen. Verschwindet dieser, so ist auch der Bruch, d. h. die jeweilige Ableitung, gleich Null. Es ergibt sich auf diese Weise folgendes Gleichungssystem:

$$\frac{-aV_k + ab + nkT_kV_k^2}{V_k^2(V_k - b)} = p_k \tag{2.25}$$

$$2aV_k^2 - 4V_kab + nkT_kV_k^3 + 2ab^2 = 0 \tag{2.26}$$

$$-3aV_k^3 + 9abV_k^2 - 9V_kab^2 + nkT_kV_k^4 + 3ab^3 = 0 \tag{2.27}$$

Zunächst wird das Kovolumen berechnet. Um den Kohäsionsdruck zu eliminieren, werden die Gln. (2.26) und (2.27) jeweils nach a aufgelöst und die erhaltenen Terme einander gleichgesetzt.

$$nkT\frac{V_k^3}{2V_k^2 - 4V_kb + 2b^2} = nkT\frac{V_k^4}{-3V_k^3 + 9V_k^2b - 9V_kb^2 + 3b^3}$$

Daraus folgt durch Auflösen nach b:

$$b = \frac{1}{3}V_k. \tag{2.28}$$

Nun muss noch a berechnet werden. Dazu wird die Beziehung für b in die [Gl. (2.27)] eingesetzt

$$-3aV_k^3 + 9a\left(\frac{1}{3}V_k\right)V_k^2 - 9V_ka\left(\frac{1}{3}V_k\right)^2 + nkT_kV_k^4 + 3a\left(\frac{1}{3}V_k\right)^3 = 0$$

und danach nach

$$a = \frac{9}{8}nkT_kV_k \tag{2.29}$$

aufgelöst. Das ist die Abhängigkeit des Kovolumens von der kritischen Temperatur und dem kritischen Volumen. Werden die [Gln. (2.28) und (2.29)] in die Zustandsgleichung eingesetzt, so erhalten wir für diese bei der kritischen Temperatur T_k:

$$\left(p_k + \frac{\frac{9}{8}nkT_kV_k}{V_k^2}\right)\left(V_k - \frac{1}{3}V_k\right) = nkT_k.$$

Diese Beziehung wird vereinfacht zu:

$$\frac{2}{3}p_kV_k + \frac{3}{4}nkT_k = nkT_k$$

und nach dem Produkt p_kV_k aufgelöst:

$$p_kV_k = \frac{3}{8}nkT_k. \tag{2.30}$$

Damit haben wir die Beziehung der makroskopisch messbaren Größen Druck, Volumen und Temperatur auf der kritischen Isothermen an der Stelle der Wendetangente errechnet. Dieser Ausdruck wird nach dem Term nkT_k umgestellt und das Ergebnis in die obige Beziehung für a, [Gl. (2.29)], eingesetzt. Wir erhalten den Zusammenhang von a mit dem kritischen Druck und dem kritischen Volumen:

$$a = 3p_k V_k^2. \qquad (2.31)$$

Im letzten Schritt werden die konkreten Werte für Sauerstoff berechnet. In Tabelle 2.2 finden wir den kritischen Druck ($p_k = 50,36$ bar) und die zugehörige Temperatur ($T_k = 154,4$ K). Aus [Gl. (2.30)] folgt:

$$V_k = \frac{3}{8} nk T_k \frac{1}{p_k} = \frac{3}{8p_k} \nu R T_k.$$

Die Stoffmenge beträgt ν Mol. Das Volumen V_k wird auf die Anzahl der Mole bezogen, denn natürlich ist das Volumen eines Gases bei sonst konstanten Bedingungen von der Anzahl der Partikel, d. h. von der Anzahl der Mole, abhängig. Vorbereitend muss das molare Volumen $V_{k,m}$ am kritischen Punkt bereitgestellt werden. Wir benutzen [Gl. (2.30)]:

$$V_{k,m} = \frac{3}{8p_k} n\, k\, T_k = \frac{3}{8p_k} R T_k$$

$$= \frac{3}{8\,50,36\,\text{bar}}\, 8,314\,\text{JK}^{-1}\text{mol}^{-1}\, 154,4\,\text{K}$$

$$= 9,559 \times 10^{-5} \frac{\text{kg}\,\text{m}^2\text{K}^{-1}\text{mol}^{-1}\text{K}}{\text{s}^2\text{kg}\ \text{m}\,\text{s}^{-2}\text{m}^{-2}}$$

$$= 9,559 \times 10^{-5} \frac{\text{m}^3}{\text{mol}}.$$

Der Kohäsionsdruck beträgt [Gl. (2.31)]

$$a_m = 3p_k V_{k,m}^2$$

$$= 3\,50,36 \times 10^5\,\text{Pa}\,(9,559 \times 10^{-5}\,\text{m}^3\,\text{mol}^{-1})^2$$

$$= 0,138 \frac{\text{kg}\ \text{m}}{\text{s}^2} \frac{1}{\text{m}^2} \text{m}^6 \frac{1}{\text{mol}^2}$$

$$= 0,138 \left(\frac{\text{kg}\ \text{m}^2}{\text{s}^2}\right) \left(\frac{1}{\text{m}^3} \frac{\text{m}^6}{\text{mol}^2}\right)$$

$$= 0,138\,\text{J} \frac{\text{m}^3}{\text{mol}^2}$$

und das molare Kovolumen wird zu

$$b_m = \frac{1}{3} V_{k,m} = \frac{1}{3} \, 9{,}559 \times 10^{-5} \, \frac{\mathrm{m}^3}{\mathrm{mol}} = 3{,}186 \times 10^{-5} \, \frac{\mathrm{m}^3}{\mathrm{mol}}$$

errechnet.

Im Folgenden sollen gasartunabhängige Isothermen bereitgestellt werden. Dazu schreiben wir die *van der Waals*sche Gleichung in der Form

$$\left(p + \frac{a_m}{V_m^2} \right) \left(V_m - b_m \right) = RT. \tag{2.32}$$

Dabei wurde die [Gl. (2.9)] benutzt und das Volumen auf die Anzahl der Mole bezogen, die der betrachteten Stoffmenge entspricht. Im nächsten Schritt werden der Druck, das Volumen und die Temperatur auf die jeweiligen kritischen Werte bezogen:

$$p_r = \frac{p}{p_k}, \quad V_r = \frac{V_m}{V_k} \quad \text{und} \quad T_r = \frac{T}{T_k}.$$

Es ergibt sich auf diese Weise folgende gasartunabhängige Zustandsgleichung:

$$\left(p_r + \frac{3}{V_r^2} \right) \left(V_r - \frac{1}{3} \right) = \frac{8}{3} T_r. \tag{2.33}$$

Beispiel:
In Sammlungen physikalischer Eigenschaften von Gasen (z. B. [6]) werden die Koeffizienten der *van der Waals*schen Zustandsgleichung angegeben. Gesucht wird ein direkter Zusammenhang zwischen diesen Koeffizienten und den kritischen Größen. Für Stickstoff beträgt der Kohäsionsdruck $a_m = 0{,}139 \, \mathrm{Pa}\,\mathrm{m}^6\mathrm{mol}^{-2}$ und das Kovolumen $b_m = 31{,}9 \times 10^{-6} \, \mathrm{m}^3\mathrm{mol}^{-1}$. Zu berechnen sind das kritische molare Volumen, die kritische Temperatur und der kritische Druck.

Lösung:
Der erste Schritt besteht in der Aufstellung eines Gleichungssystems zur Berechnung der gesuchten Parameter. Dieses System können wir vom oben beschriebenen Beispiel übernehmen. Weiterhin wurde dort bereits der Zusammenhang zwischen kritischem Volumen und Kovolumen errechnet. Es bleibt nur noch, den Zusammenhang zwischen der kritischen Temperatur T_k sowie dem kritischen Druck p_k und den Größen a bzw. b zu bestimmen. Dazu wird in die nach dem Druck aufgelöste *van-der-Waals*sche-Gleichung an der Stelle des kritischen Punktes der Wert für das Kovolumen eingesetzt. Aus den Gln. (2.25) und (2.28) folgt:

$$p_k = \frac{-3ab + ab + nkT_k \, (3b)^2}{(3b)^2 \, (3b - b)} = \frac{1}{18b^2} \left(-2a + 9nkT_k b \right) \tag{2.34}$$

Jetzt muss eine der beiden Gleichungen, die aus der Bedingung für die Wendetangente resultieren, nach T_k aufgelöst werden, um danach die Temperatur in die
Beziehung für den kritischen Druck einsetzen zu können. Wir benutzen die [Gl.
(2.26)]. Es folgt:

$$T_k = \frac{2aV_k^2 - 4V_k ab + 2ab^2}{n(kV_k)^3}.$$

Wir eliminieren noch einmal das kritische Volumen mit Hilfe der [Gl. (2.28)] und
erhalten die kritische Temperatur in Abhängigkeit von den Koeffizienten a und b:

$$T_k = \frac{8}{27}\frac{a}{bnk}. \tag{2.35}$$

Wird diese in die Beziehung für den kritischen Druck [Gl. (2.34)] eingesetzt, ergibt
sich für diesen

$$p_k = \frac{1}{18b^2}\left(-2a + 9nkT_k b\right) = \frac{1}{18b^2}\left(-2a + 9nk\left(\frac{8}{27}\frac{a}{bnk}\right)b\right)$$

und vereinfacht

$$p_k = \frac{a}{27b^2}. \tag{2.36}$$

Setzen wir die konkreten Werte für Stickstoff ein, so erhalten wir mit den Gln.
(2.28), (2.35) und (2.36) für das kritische molare Volumen, die kritische Temperatur
und den kritischen Druck:

$$V_{k,m} = 3\,31{,}9 \times 10^{-6}\,\mathrm{m^3 mol^{-1}} = 9{,}57 \times 10^5\,\mathrm{m^3 mol^{-1}},$$

$$T_k = \frac{8}{27}\frac{0{,}139\,\mathrm{Pa\,m^6 mol^{-2}}}{31{,}9 \times 10^{-6}\,\mathrm{m^3 mol^{-1}}\;6{,}023 \times 10^{23}\,\mathrm{mol^{-1}} \times 1{,}38 \times 10^{-23}\mathrm{J\,K^{-1}}}$$

$$= 155{,}3\frac{(\mathrm{kg\,m\,s^{-2}m^{-2}})(\mathrm{m^6 mol^{-2}})}{(\mathrm{m^3 mol^{-1}})(\mathrm{mol^{-1}})(\mathrm{kg\,m^2 s^{-2}K^{-1}})} = 155{,}3\,\mathrm{K}$$

und

$$p_k = \frac{0{,}139\,\mathrm{Pa\,m^6 mol^{-2}}}{27\,(31{,}9 \times 10^{-6}\,\mathrm{m^3 mol^{-1}})^2} = 5{,}059\,10^6\,\mathrm{Pa} = 50{,}59\,\mathrm{bar}.$$

2.2.3 Der Zusammenhang zwischen Virialgleichung und van der Waalsschen Zustandsgleichung

Wir haben zwei Zustandsgleichungen für reale Gase, also zwei mathematische Beschreibungen für den selben natürlichen Sachverhalt kennen gelernt. Jetzt wollen wir die Frage beantworten, welcher Zusammenhang zwischen den *van-der-Waals*schen- und den Virialkoeffizienten besteht. Dazu betrachten wir eine Gasmenge von einem Mol, lösen die *van-der-Waals*sche-Gleichung [Gl. (2.23)] nach dem Druck auf,

$$p = \frac{RT}{V_m - b_m} - \frac{a_m}{V_m^2},$$

und multiplizieren sie mit dem molaren Volumen:

$$pV_m = \frac{RT}{1 - \frac{b_m}{V_m}} - \frac{a_m}{V_m}. \tag{2.37}$$

Das Kovolumen b_m ist viel kleiner als das Volumen V_m, welches ein Mol eines Gases einnimmt. Deshalb ist der Quotient b/V_m sehr klein. Ein Zahlenbeispiel soll das veranschaulichen. Im Beispiel auf Seite 40 wird das molare Kovolumen von Stickstoff $b_m = 31{,}9 \times 10^{-6}\,\mathrm{m^3 mol^{-1}}$ genannt. Das molare Volumen beträgt $22{,}4 \times 10^{-3}\,\mathrm{m^3\,mol^{-1}}$ (s. Abschn. 3.1). Damit wird das Verhältnis b_m/V_m für Stickstoff $1{,}4 \times 10^{-3}$. Das erlaubt uns, den Quotienten

$$\frac{1}{1 - \frac{b_m}{V_m}}$$

als Summe einer geometrischen Reihe zu betrachten:

$$\frac{1}{1 - \frac{b_m}{V_m}} = \sum_{i=0}^{i=\infty} \left(\frac{b_m}{V_m}\right)^i = 1 + \left(\frac{b_m}{V_m}\right)^1 + \left(\frac{b_m}{V_m}\right)^2 + \dots$$

Die Glieder ab zweiter Ordnung sind sehr klein und werden vernachlässigt. Wir erhalten aus [Gl. (2.37)]:

$$pV_m \approx RT\left(1 + \frac{b_m}{V_m}\right) - \frac{a_m}{V_m}$$

und nach weiterer Umformung:

$$pV_m \approx RT\left(1 + \frac{1}{V_m}\left(b - \frac{a}{RT}\right)\right).$$

Diese Schreibweise der *van der Waals*schen Zustandsgleichung vergleichen wir mit der Virialgleichung

$$p V_m = RT \left(1 + \frac{1}{V_m} B \right)$$

und erhalten sofort

$$B = b_m - \frac{a_m}{RT}. \tag{2.38}$$

Das ist die Abhängigkeit des Koeffizienten B der Virialgleichung von den *van-der-Waals*schen-Koeffizienten.

2.2.4 Die Boyletemperatur

Vergleicht man die Zustandsgleichung des idealen Gases mit der Virialgleichung, so zeigt sich, dass das Produkt aus Druck und Volumen zwischen ihnen übereinstimmt, wenn $B = 0$ ist. Wir fragen, für welche Temperatur T_B der Ausdruck [Gl. (2.38)] verschwindet:

$$0 = b_m - \frac{a_m}{R \, T_B} \qquad \text{ergibt sofort} \qquad T_B = \frac{a_m}{R - b_m}. \tag{2.39}$$

Diese Temperatur heißt *Boyle*-Temperatur. Bei ihr verhält sich ein reales Gas wie ein ideales. Das bedeutet aber nicht, dass keine Wechselwirkung zwischen den Gaspartikeln vorliegt (eine Volumenreduktion auf eine Punktmasse ist sowieso nicht möglich), sondern dass sich alle Effekte, die ein reales Gas vom idealen unterscheiden, einander aufheben.

Literaturverzeichnis

1. Messer Griesheim GmbH, Abteilung Sondergase. *Gase-Handbuch*. Messer Griesheim GmbH, Abteilung Öffentlichkeitsarbeit, Frankfurt, Hanauer Landstr. 330, 1985.
2. Butt. PC2.doc, Universität Siegen, 2001.
3. Ch. Edelmann. *Vakuumphysik*. Spektrum Akademischer Verlag , Heidelberg; Berlin, 1998.
4. H. Vogel. *Gerthsen Physik*. Springer-Verlag, Berlin; Heidelberg, 1997.
5. K. Jousten, editor. *Wutz Handbuch Vakuumtechnik*. Friedr. Vieweg Sohn Verlag, Wiesbaden, 1975.

Kapitel 3
Gaskinetische Kenngrößen

Vorgestellt werden in diesem Kapitel die *Brown*sche Bewegung als experimenteller Nachweis für die Existenz von Atomen und Molekülen. Dem schließen sich die Erläuterung einer Reihe von Kenngrößen an, welche die Bewegung der Gasteilchen charakterisieren. Sie werden beschrieben, weil deren Kenntnis unabdingbar für mit Gasen arbeitende Ingenieure und Vakuumspezialisten ist.

3.1 Normzustand und Bezugszustand

Im Normzustand nach DIN1343 hat ein Gas die Temperatur $0\,°C = 273,15$ K. Sein Druck beträgt dabei $1,01325$ bar. Daraus resultiert ein molares Normvolumen des idealen Gases von $22,41383\,m^3/kmol$.

Einen anderen Zustand, den Bezugszustand, bevorzugt die Gaseindustrie. Dabei beträgt die Temperatur $288,15$ K $= 15\,°C$ und der Druck ist 1 bar. Das zugehörige Normvolumen ist $23,95797\,m^3/kmol$ [1].

3.2 Gase im Gleichgewicht

Als Nachweis der Existenz von Molekülen wird die *Brownsche* Bewegung und damit verbunden eine Methode zur experimentellen Bestimmung der *Boltzmann*konstante und der *Avogadro*ischen Konstante vorgestellt. Dem folgen die Berechnungen der flächenspezifischen Wandstoßrate, der Stoßfrequenz und der mittleren freien Weglänge.

3.2.1 Die Brownsche Bewegung

Bereits im Jahr 1827 war dem schottischen Botaniker *R. Brown* aufgefallen, dass Blütenpollen in einem Glas mit Wasser Zickzackbewegungen ausführen. Das Gleiche kann man auch an festen Teilchen im Tabakrauch erkennen, wenn er mit einem Mikroskop beobachtet wird. Nahezu zeitgleich fanden *A. Einstein* und

D. Richter, *Mechanik der Gase*, Springer-Lehrbuch,
DOI 10.1007/978-3-642-12723-6_3, © Springer-Verlag Berlin Heidelberg 2010

Abb. 3.1 Brownsche Bewegung

M. Smoluchowski eine Erklärung für diese, *Brown*sche Bewegung genannte, Erscheinung. Die Bewegung der Teilchen wird durch Stöße von Molekülen der Flüssigkeit bzw. der Luft gegen die Pollen bzw. Schwebeteilchen des Tabakrauches hervorgerufen. Abbildung 3.1 zeigt die durch eine Rechnung simulierte Bahn eines Teilchens. Die Bedeutung dieser Erkenntnis liegt darin, dass mit der Beobachtung und richtigen Wertung ein experimenteller Beweis der Existenz von Atomen und Molekülen vorliegt. Und das in einer Zeit, am Ende des 19. Jahrhunderts, als die Existenz von Atomen bzw. Molekülen noch umstritten war.

Die Teilchen, bei denen die *Brownsche* Bewegung beobachtbar ist, sind so klein, dass die Zahl der Stöße zwischen ihnen zeitlich nicht konstant ist. Eben diese Unregelmäßigkeit ruft die Zickzackbewegung hervor. Die Heftigkeit der Bewegung nimmt mit größer werdenden Teilchen ab. Die Ursache liegt darin, dass das Volumen und damit die Masse des Teilchens mit der dritten Potenz der Abmaße anwächst, während sich die Oberfläche, auf der die Stoßprozesse stattfinden, nur in einer quadratischen Abhängigkeit vergrößert. Die großen, direkt beobachteten Teilchen verhalten sich wie Moleküle mit besonders großer Masse. Sie haben, wie im Abschn. 1.3 beschrieben, die mittlere Energie für Translationsbewegungen in drei Raumrichtungen von $3\,\frac{1}{2}kT = \frac{1}{2}m\overline{v^2}$. Die Bewegung wird also mit steigender Temperatur heftiger. Das bedeutet, der zurückgelegte Weg Δx ist in einem vorgegebenen

Zeitintervall τ eine sich ständig ändernde, temperaturabhängige Größe. *Einstein* fand für diese Verschiebung für kugelförmige Teilchen [2], S. 371 bis 381.

$$\overline{(\Delta x)^2} = \frac{kT\tau}{3\pi\eta r}. \tag{3.1}$$

Diese Beziehung hat unter zwei Gesichtspunkten eine große Bedeutung. Zum einen ist es möglich, die *Boltzmann*konstante k experimentell zu ermitteln. Dabei ist die Verschiebung Δx im engeren Sinne die eigentliche Messgröße. Darüber hinaus müssen die Temperatur, der Teilchendurchmesser und der Koeffizient der inneren Reibung messtechnisch ermittelt werden bzw. bekannt sein. Zum anderen kann die *Avogadro*ische Konstante [Gl. (2.5)], d. h. die Anzahl der Teilchen in der Stoffmenge eines *Mols*, bestimmt werden. Dazu muss man lediglich die leicht zu bestimmende Allgemeine Gaskonstante [s. Gl. (2.8)] zu Hilfe nehmen und den folgenden Quotienten berechnen: $N_A = R/k$. Wenn wir uns den Spezialfall vorstellen, dass das ursprünglich gestoßene, größere Teilchen ein Teilchen aus der Gasmenge selbst ist, wird deutlich: bei einer kleinen Anzahl von Stoßpartnern, also bei einem kleinen betrachteten Volumenelement, liegen relative Schwankungen ihrer Anzahl und des Betrags sowie der Richtung ihrer Bewegung vor. Mit anderen Worten, die Dichte von Gasen führt bei der Betrachtung von hinreichend kleinen Volumenelementen unregelmäßige Schwankungen aus.

3.2.2 Die flächenspezifische Wandstoßrate

Die flächenspezifische Wandstoßrate ν_W sagt aus, wie viele Teilchen eines Gases auf die den Gasraum ummantelnde Fläche in einer bestimmten Zeit stoßen:

$$\nu_W = \frac{Z}{A\,dt}. \tag{3.2}$$

Hierbei ist Z die Anzahl der die Fläche A im Zeitintervall dt stoßenden Teilchen. Zur Berechnung der flächenspezifischen Wandstoßrate wird zuerst die Gesamtzahl der Teilchen in einem bestimmten an die Fläche A grenzenden Volumenelement bestimmt. Danach folgt die Berechnung der Anzahl der Teilchen, die tatsächlich die Fläche A stoßen. In Abb. 3.2 wird die Situation schematisch dargestellt. Das Volumen über A hat die Höhe $v_d \cos \vartheta\, dt$. Die Anzahl der Teilchen im betrachteten Volumenelement beträgt somit

$$n = n_V\, V = n_V\, v_d\, \cos\vartheta\, dt \tag{3.3}$$

mit n als Gesamtzahl der Teilchen und n_V als Teilchendichte.

Ab diesem Schritt betrachten wir die Bewegung der Teilchen in räumlichen Polarkoordinaten. Die Gasteilchen führen ungeordnete Bewegungen mit der mittleren Geschwindigkeit v_d aus. Das bedeutet, dass nur Gasteilchen, deren Flugrichtung

Abb. 3.2 Volumenelement
zur Berechnung der
flächenspezifischen
Wandstoßrate

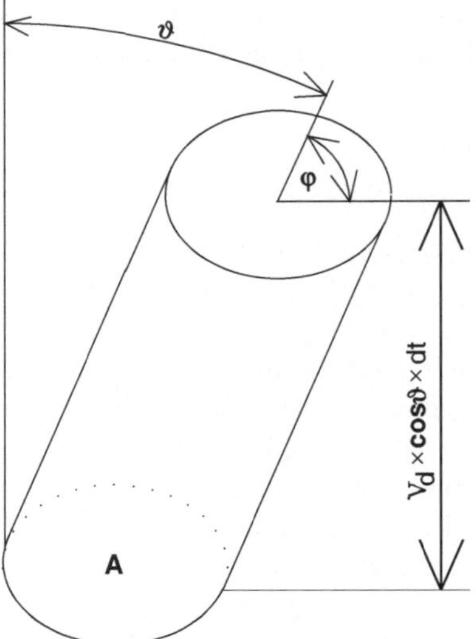

in einem bestimmten Raumwinkelelelement $d\Omega = \sin\vartheta\, d\vartheta\, d\varphi$ liegen, die Fläche A
treffen können. Der eingefügte Ausdruck $\sin\vartheta$ ist die Funktionaldeterminante für
die Umrechnung von kartesischen Koordinaten in räumliche Polarkoordinaten.[1] Es
ist der Quotient aus dem Raumwinkelelement $d\Omega$ und dem vollen Raumwinkel 4π
zu bilden. Nur dieser Anteil trifft die Fläche A. Aus der [Gl. (3.3)], der Gesamtzahl
der Teilchen, gewinnen wir den die Fläche A stoßenden Anteil Z:

$$Z = \frac{\text{Teilchenzahl}}{\text{Volumen}} \times \text{Volumen} \times \frac{\text{Raumwinkel über A}}{\text{Vollwinkel}}$$

$$= n_V \times v_d\, dt\, A \times \frac{\int\limits_{\vartheta=0}^{\vartheta=\frac{\pi}{2}} \cos\vartheta\,\sin\vartheta\, d\vartheta \int\limits_{\varphi=0}^{\varphi=2\pi} d\varphi}{4\pi}$$

$$= n_V\, v_d\, dt\, A\, \frac{1}{4}.$$

Der Winkel φ ist dabei der Azimutwinkel. Um die betrachtete Fläche A vollständig
zu erfassen muss über einen vollen Kreis, also im Bereich $\varphi = 0\ldots2\pi$, integriert
werden. Der betrachtete Gasraum kann im Bereich von $\vartheta = 0\ldots\frac{\pi}{2}$ geneigt sein.
Damit ergibt sich mit [Gl. (3.2)] für die flächenspezifische Wandstoßrate:

$$v_W = \frac{n_V\, v_d\, dt\, A\, \frac{1}{4}}{A\, dt} = \frac{n_V\, v_d}{4}. \tag{3.4}$$

---

[1] Die Funktionaldeterminante ist die Determinante der Jacobi-Matrix. Sie wird beim Übergang
zwischen Koordinatensystemen und insbesondere bei der Berechnung von Oberflächen- und Volu-
menintegralen benötigt.

Unter Verwendung des bereits berechneten Ausdrucks für die mittlere Geschwindigkeit [Gl. (1.26)] erhalten wir:

$$v_W = \frac{n_V \, v_d}{4} = \frac{n_V}{4} \sqrt{\frac{8kT}{\pi m}} = n_V \sqrt{\frac{kT}{2\pi m}}.$$ (3.5)

Die Anzahl der Stöße pro Zeit und Flächenelement auf die Behälterwand hängt von der Teilchendichte, der Temperatur und Masse der Gaspartikel ab.

3.2.3 Die Stoßfrequenz und die mittlere freie Weglänge

Die Gasteilchen in einem Volumen haben alle eine Geschwindigkeit größer als Null, sind also immer in Bewegung. Dabei fliegen sie eine gewisse Weglänge frei, bis es zu einem Zusammenstoß mit einem weiteren Gasteilchen kommt. Den Weg, den die Teilchen dabei im Mittel zurücklegen, nennt man *mittlere freie Weglänge*. Sie ist über die Durchschnittsgeschwindigkeit mit der *Stoßfrequenz*, der Zahl der Zusammenstöße pro Zeit, verknüpft:

$$\text{mittlere freie Weglänge} = \frac{\text{Durchschnittsgeschwindigkeit}}{\text{Stoßfrequenz}}.$$ (3.6)

Der Zusammenhang soll an einem Zahlenbeispiel deutlich gemacht werden: Ein Gasteilchen habe eine mittlere Geschwindigkeit von $420\,\text{ms}^{-1}$. Dabei stößt es im Mittel 100 Mal pro Sekunde ein weiteres Gasteilchen. Die mittlere freie Weglänge beträgt in diesem Fall:

$$\text{mittlere freie Weglänge} = \frac{420\,\text{ms}^{-1}}{100\,\text{s}^{-1}} = 4{,}2\,\text{m}.$$

3.2.3.1 Stoßfrequenz

Zur Berechnung der Stoßfrequenz gehen wir davon aus, dass sich ein Gasteilchen auf eine Anzahl von weiteren Gasteilchen zubewegt und es zu Zusammenstößen mit ihnen kommt. Es wird zunächst angenommen, dass sich die gestoßenen Teilchen vor dem eigentlichen Stoßprozess in Ruhe befinden. In Abb. 3.3 wird der Sachverhalt schematisch dargestellt. Das größere Teilchen mit dem Radius r_1 durchdringt dabei einen Zylinder mit dem Radius $r_1 + r_2$ bzw. der Querschnittsfläche $\pi\,(r_1 + r_2)^2$ und der Länge $v_d\,dt$. Dabei kommt es zu Zusammenstößen in eben nur diesem Zylinder. Die Anzahl der Stöße ist

$$dZ = \frac{\text{Anzahl der Teilchen}}{\text{Volumen}} \times \text{Volumen} = n_V \times \pi(r_1 + r_2)^2 v_d dt.$$ (3.7)

Hierbei stellen wir uns die Gasteilchen als Kugeln mit einem bestimmten Radius und einer bestimmten Masse vor. In der Realität sind die Gasteilchen nicht kugel-

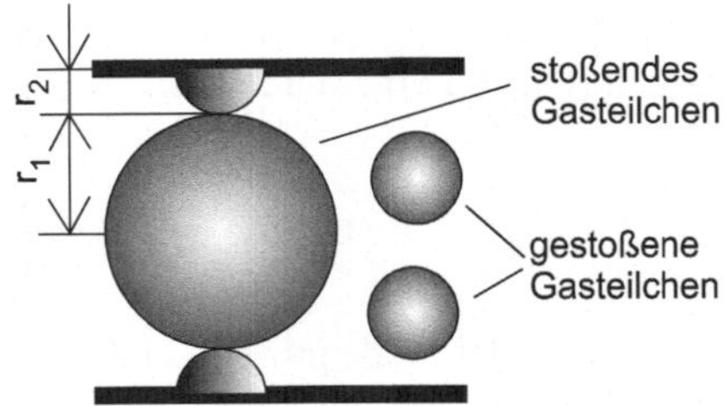

Abb. 3.3 Zur Herleitung der Stoßfrequenz

förmig. Die meisten Gaspartikel sind mehr oder weniger große Moleküle aus nicht kugelförmig angeordneten Atomen. Die Gasmoleküle *verhalten* sich bei Experimenten so, als *hätten* sie eben diese angenommenen Radien. Die den Molekülen *zugeordneten* Radien bezeichnet man als gaskinetische Stoßradien. Um die Stoßfrequenz v_V, die mitunter auch als Stoßrate bezeichnet wird, zu erhalten, muss die Anzahl der gestoßenen Teilchen auf die Zeit bezogen werden:

$$v_V = \frac{dZ}{dt} = n_V \pi (r_1 + r_2)^2 v_d. \tag{3.8}$$

Das ist die Stoßrate unter der Annahme, dass sich die gestoßenen Teilchen in Ruhe befinden, die aber in der Realität nur bei ausgesuchten Stoßprozessen erfüllt ist. In „normalen" Gasen ist das nicht der Fall. Um die Eigenbewegung der gestoßenen Partikel zu berücksichtigen, wird in die obige Beziehung ein Faktor $\sqrt{2}$ eingeführt. Damit erhalten wir für die Stoßfrequenz

$$v_V = \sqrt{2} n_V \pi (r_1 + r_2)^2 v_d. \tag{3.9}$$

Sie ist abhängig von den Radien der Teilchen, der Durchschnittsgeschwindigkeit des stoßenden Teilchens und damit von dessen Masse und Temperatur sowie der Teilchendichte der gestoßenen Gaspartikel, d. h. dem Druck des Gases.[2]

Im Weiteren wird eine Begründung für die Einführung des Faktors $\sqrt{2}$ gegeben. Der grundlegende Gedanke besteht darin, dass es falsch ist, die mittlere Geschwindigkeit des stoßenden Teilchens als Geschwindigkeit heranzuziehen. Besser ist es, die Relativgeschwindigkeit v_{rel} zwischen dem stoßenden und den gestoßenen Teilchen zu berücksichtigen ([3], S. 35). Abbildung 3.4 verdeutlicht dies. Die Vektoren v_1 und v_2 sind die Geschwindigkeitsvektoren zu irgendeinem Zeitpunkt, v_{rel} ist die Relativgeschwindigkeit zwischen stoßendem und gestoßenem Teilchen und v_s ist die Geschwindigkeit des Schwerpunkts beider Teilchen

$$v_{rel} = v_1 - v_2. \tag{3.10}$$

---

[2] Bei größerer mathematischer Strenge müssten die beiden Stoßfrequenzen und in der Folge die zugehörigen mittleren freien Weglängen jeweils unterschiedliche Bezeichnungen haben. Doch es ist allgemein üblich, sie einheitlich zu bezeichnen. Im Interesse der Einfachheit soll hier nicht davon abgewichen werden.

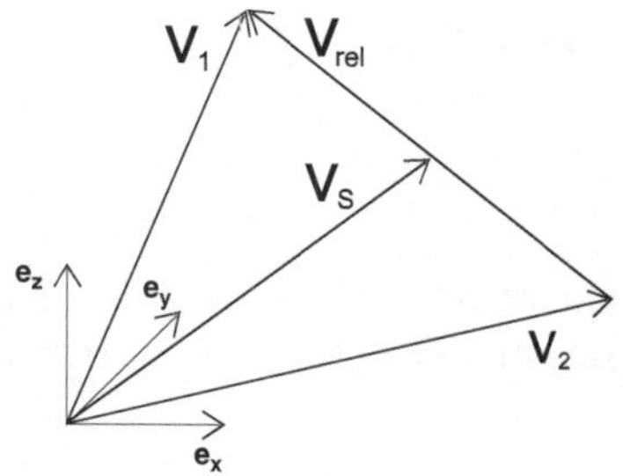

Abb. 3.4 Ermittlung der Vektoren der Schwerpunkts- und Relativgeschwindigkeit (nach [3], S. 35)

In [Gl. (3.8)] soll anstelle der Durchschnittsgeschwindigkeit v_d die mittlere relative Geschwindigkeit der beiden Gasteilchen $v_{d_{rel}}$ stehen, die den realen Verhältnissen eher entspricht. Der Vektor der Relativgeschwindigkeit v_{rel} setzt sich aus den Komponenten aller drei Raumrichtungen zusammen: $(v_{x1} - v_{x2})$, $(v_{y1} - v_{y2})$ und $(v_{z1} - v_{z2})$. Deshalb muss, unter Berücksichtigung der *Maxwell*schen Geschwindigkeitsverteilung, zur Berechnung der mittleren Relativgeschwindigkeit über alle möglichen Geschwindigkeiten gemittelt (also integriert) werden. Wir benutzen dazu die Verteilungsdichte [vgl. Gl. (1.12)], wie sie für die Herleitung der *Maxwell*schen Geschwindigkeitsverteilung benutzt wurde:

$$f(|\,v\,|) = \left(\sqrt{\frac{m}{2\pi kT}}\right)^3 e^{-\frac{m(v_x^2+v_y^2+v_z^2)}{2\pi kT}}. \tag{3.11}$$

Die mittlere Relativgeschwindigkeit $v_{d_{rel}}$ wird durch eine Multiplikation der Verteilungsdichte [analog Gl. (1.25)] mit der Relativgeschwindigkeit und anschließender Integration gewonnen:

$$v_{d_{rel}} = \left(\frac{m}{2\pi kT}\right)^3 \int\!\!\!\int\!\!\!\int_0^\infty e^{\frac{-mv_1^2}{2kT}}\,dv_{x1}dv_{y1}dv_{z1}$$

$$\int\!\!\!\int\!\!\!\int_0^\infty e^{\frac{-mv_2^2}{2kT}}\,dv_{x2}dv_{y2}dv_{z2}\,v_{rel}. \tag{3.12}$$

Wir haben jetzt das Problem, dass sich in den Exponenten die Beträge der beiden Geschwindigkeiten v_1 und v_2 befinden, jedoch über die Komponenten in den drei Raumrichtungen $(v_{x_1}, v_{x_2}, v_{y_1}, v_{y_2}, v_{z_1}, v_{z_2})$ integriert werden soll. Der Sinn des nächsten Schrittes besteht darin, die Geschwindigkeitsvektoren des stoßenden und des gestoßenen Teilchens durch die Vektoren der Schwerpunktsgeschwindigkeit und der Relativgeschwindigkeit auszudrücken, um letztlich auch über im Integranten vorkommende Variablen, die Schwerpunkts- bzw. Relativgeschwindigkeit integrieren zu können (Abb. 3.4). Das erfolgt unter der Annahme, dass beide Teilchen die gleiche Masse besitzen. Unter dem Vektor der Schwerpunktsgeschwindigkeit verstehen wir

$$v_S = \frac{v_1 + v_2}{2}.$$ (3.13)

Damit ergeben sich für den Zusammenhang von Schwerpunkts- und Relativgeschwindigkeit folgende Beziehungen:

$$v_1 = v_S + \frac{1}{2}\, v_{rel} \quad \text{und} \quad v_2 = v_S - \frac{1}{2}\, v_{rel} \quad \text{bzw.} \quad v_1^2 + v_2^2 = 2v_S + \frac{1}{2}\, v_{rel}^2.$$ (3.14)

Anschließend transformieren wir die [Gl. (3.12)] von kartesischen Koordinaten in Polarkoordinaten, da es sich um eine rotationssymmetrische Anordnung (herausgegriffener „Gaszylinder", Abb. 3.3) handelt. Die rechte Beziehung der [Gl. (3.14)] wird nach v_1^2 und v_2^2 aufgelöst und die erhaltenen Terme in die [Gl. (3.12)] eingesetzt. Weiterhin ist das Raumelement in Polarkoordinaten zu überführen, denn wir rechnen im Geschwindigkeitsraum (v, ϑ, φ):

$$dv_x dv_y dv_z = v^2 \sin \vartheta\, d\vartheta d\varphi\, dv.$$ (3.15)

Hier ist der Term $v^2 \sin \vartheta$ die bereits weiter oben schon einmal benutzte Funktionaldeterminante. Ersetzen wir auch noch das Raumelement in [Gl. (3.12)], so erhalten wir nach wenigen Vereinfachungsschritten direkt:

$$v_{d_{rel}} = f(v_{rel}) = \left(\frac{m}{2\pi kT}\right)^3 \int\limits_0^{2\pi} \int\limits_0^{\pi} \int\limits_0^{\infty} e^{-\frac{mv_S^2}{kT}} v_S^2\, dv_S \sin \vartheta\, d\vartheta\, d\varphi$$

$$\int\limits_0^{2\pi} \int\limits_0^{\pi} \int\limits_0^{\infty} e^{-\frac{mv_{rel}^2}{4kT}} v_{rel}^3\, dv_{rel} \sin \vartheta\, d\vartheta\, d\varphi.$$ (3.16)

Hiermit haben wir unsere gesuchte Beziehung des Zusammenhangs des Mittelwerts der relativen Geschwindigkeit der beiden stoßenden Gasteilchen mit ihrer Relativgeschwindigkeit erhalten. Es folgen lediglich noch die Auswertung der Integrale und die Division durch die Durchschnittsgeschwindigkeit. Diese Division erfolgt, weil in der Ausgangsgleichung [Gl. (3.8)] die Durchschnittsgeschwindigkeit steht und der Korrekturfaktor in Vielfachen von ihr angegeben werden soll.

Die Integration über die Schwerpunktsgeschwindigkeit ist analog zur [Gl. (1.16)] bei der Herleitung der *Maxwell*schen Geschwindigkeitsverteilung und wird hier deshalb nicht noch einmal aufgeführt. Das Ergebnis lautet:

$$\int\limits_0^{\infty} e^{-\frac{mv_S^2}{kT}} v_S^2\, dv_S = \frac{\sqrt{\pi}}{4\left(\frac{m}{kT}\right)^{3/2}}.$$ (3.17)

Auch die Integrationen über ϑ und φ werden separat durchgeführt und ergeben:

$$\int_0^{2\pi}\int_0^{\pi} \sin\vartheta\, d\vartheta\, d\varphi \int_0^{2\pi}\int_0^{\pi} \sin\vartheta\, d\vartheta\, d\varphi = 16\pi^2. \tag{3.18}$$

Es verbleibt noch die Integration über die Relativgeschwindigkeit v_{rel}. Auch diese Integralform wurde schon einmal weiter oben bei der Berechnung der mittleren Geschwindigkeit von Gaspartikeln [Gln. (1.25) und (1.26)] gelöst. Wir erhalten:

$$\int_0^{\infty} e^{-\frac{mv_{rel}^2}{4kT}} v_{rel}^3\, dv_{rel} = \frac{8\,(kT)^2}{m^2}. \tag{3.19}$$

Unter Verwendung der Zwischenergebnisse [Gln. (3.17), (3.18) und (3.19)] wird [Gl. (3.16)] zu:

$$v_{d_{rel}} = \left(\frac{m}{2\pi kT}\right)^3 16\pi^2\, \frac{\sqrt{\pi}}{4\left(\frac{m}{kT}\right)^{3/2}}\, \frac{8\,(kT)^2}{m^2} = \frac{8\sqrt{2}\,kT\sqrt{\frac{m}{kT}}}{\sqrt{\pi}}.$$

Dividiert durch die Durchschnittsgeschwindigkeit $v_d = \sqrt{(8\,kT)/(\pi m)}$ erhalten wir:

$$\frac{v_{d_{rel}}}{v_d} = \sqrt{2} \qquad \text{bzw.} \qquad v_{d_{rel}} = \sqrt{2}\, v_d.$$

Mit diesem Mittelwert der Relativgeschwindigkeit der beiden aneinander stoßenden Teilchen ersetzen wir in [Gl. (3.8)] die Durchschnittsgeschwindigkeit des stoßenden Teilchens und erhalten – unter der Annahme, dass die Stoßpartner die gleiche Masse haben – die nunmehr korrigierte [Gl. (3.9)].

3.2.3.2 Mittlere freie Weglänge

Wie bereits eingangs dieses Kapitels erläutert, besteht ein Zusammenhang zwischen der Stoßfrequenz v_V und der mittleren freien Weglänge λ. Das ermöglicht es uns λ einfach anzugeben. Befinden sich die gestoßenen Teilchen in Ruhe, so erhalten wir aus den [Gln. (3.6) und (3.8)]:

$$\lambda = \frac{v_d}{v_V} = \frac{v_d}{n_V\pi(r_1+r_2)^2 v_d} = \frac{1}{n_V\pi(r_1+r_2)^2}.$$

Im nächsten Schritt wird noch die Teilchendichte durch den Druck ersetzt, weil für praktische Belange oft die mittlere freie Weglänge als Funktion vom Druck interessant ist (Auflösen der Zustandsgleichung für ideale Gase [Gl. (2.4)] nach dem Quotienten n/V):

$$\lambda = \frac{kT}{\pi (r_1 + r_2)^2 p}. \tag{3.20}$$

Analog zu Abschn. 3.2.3.1 erhalten wir für λ unter Berücksichtigung der Bewegung der gestoßenen Teilchen:

$$\lambda = \frac{kT}{\sqrt{2}\pi (r_1 + r_2)^2 p}. \tag{3.21}$$

Die mittlere freie Weglänge steigt mit sinkendem Druck. Diese Erkenntnis ist für zahlreiche vakuumphysikalische und -technische Belange von großer Bedeutung.

Obwohl wir damit die Beziehungen für die mittlere freie Weglänge bereits erhalten haben, soll noch eine Herleitung erfolgen. Diese soll zeigen, wie λ mit einfachen Annahmen berechnet werden kann ([4], S. 160). Darüber hinaus liefert sie die Wahrscheinlichkeitsdichte für einen Stoßprozess zwischen Gasteilchen. Dabei werden die Moleküle als Kugeln mit dem Radius r angenommen.

Zum Zeitpunkt $t = 0$ ist der Ort in Bewegungsrichtung $x = 0$. Die Anzahl der Moleküle ist n_0. In jeder von der Schar durchlaufenen Gasschicht stoßen die Moleküle an andere und scheiden aus der Schar aus. Die Anzahl der Moleküle in der Schar nimmt also kontinuierlich ab. Sie beträgt in der Entfernung x noch n. Der Querschnitt der Schar ist die Fläche A. Damit ist $A\,dx$ das Volumen der durchlaufenen Gasschicht mit der Dicke dx. Wenn n_V die Anzahl der Moleküle pro Volumeneinheit ist, dann enthält die Schicht $n_V \times A\,dx$ Moleküle (Teilchendichte $\times$ Volumen). Die Abb. 3.5 verdeutlicht das Gesagte. Die Moleküle dieser Schicht werden als ruhend angenommen. Die Anzahl der Zusammenstöße zwischen den ankommenden stoßenden und den ruhenden Teilchen ändert sich nicht, wenn wir die stoßenden Moleküle als punktförmig und als Ausgleich dafür die gestoßenen Moleküle als Kreisscheiben mit dem Radius $2r$ ansehen (siehe erstes Molekül von links). Die Kreisscheiben stehen senkrecht zur Bewegungsrichtung. Die Schicht mit der Dicke dx sei so dünn, dass sich die Kreisscheiben nicht überlagern. Sie stellen also der Schar der anfliegenden Moleküle eine auffangende Fläche entgegen. Diese Fläche, in der [Gl. (3.22)] als Gesamtsperrfläche bezeichnet, ist das Produkt aus der Anzahl der Moleküle und der Fläche eines Molekülscheibchens: $n_V A\,dx\,\pi(2r)^2 = 4\pi r^2 n_V A\,dx$. Somit wird in der Gasschicht der Anteil

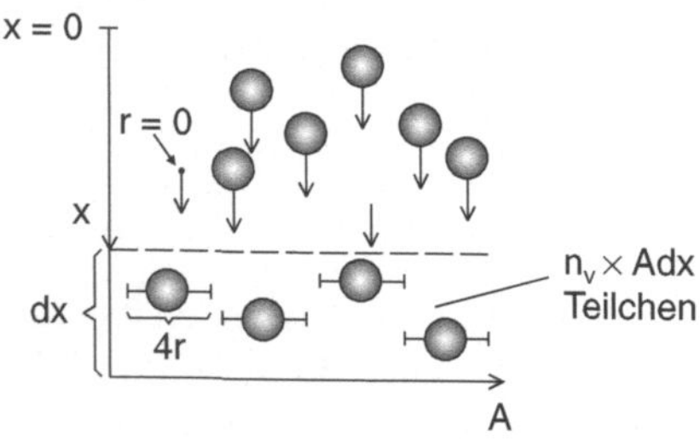

Abb. 3.5 Zur Herleitung der mittleren freien Weglänge

$$\frac{\text{Gesamtsperrfläche}}{\text{Gesamtfläche}} = \frac{4\pi r^2 n_V A\, dx}{A} = 4\pi r^2 n_V\, dx \qquad (3.22)$$

der anfliegenden Moleküle abgefangen. Die relative Änderung der Anzahl der anfliegenden und stoßenden Moleküle in der Schicht beträgt somit

$$\frac{dn}{n} = -4\pi r^2 n_V\, dx.$$

Löst man diese Gleichung mit der Anfangsbedingung $n(x = 0) = n_0$ nach n auf, so folgt direkt

$$n = n_0 e^{-4\pi r^2 n_V x}. \qquad (3.23)$$

Vorerst, zur Vereinfachung der Gleichung, wird folgende Substitution durchgeführt:

$$\frac{1}{\lambda} = 4\pi r^2 n_V. \qquad (3.24)$$

Im nächsten Schritt wird der von den anfliegenden Molekülen frei zurückgelegte Weg, also ohne Zusammenstoß mit einem Molekülscheibchen, berechnet:

$$\bar{x} = \frac{1}{n_0} \int_{\infty}^{0} x\, dn.$$

Dabei muss von ∞ bis 0 integriert werden, weil zu Beginn eine sehr große Anzahl von Gasteilchen in die betrachtete Schicht eindringt und die Anzahl der noch nicht in einen Stoßprozess „verwickelten" abnimmt. Nach hinreichend langem Flug haben alle einen Stoßprozess erlitten. Die Anzahl der nicht stoßenden Teilchen ist Null. Aus [Gl. (3.23)] wird der Term $dn = n_0\left(-\frac{1}{\lambda}\right)e^{\frac{-x}{\lambda}}\, dx$ durch Differenzieren nach dx unter Berücksichtigung der Substitution [Gl. (3.24)] gewonnen. Damit ergibt sich für den gesuchten Mittelwert:

$$\bar{x} = \frac{1}{n_0} \int_{\infty}^{0} x\, n_0\left(-\frac{1}{\lambda}\right)e^{\frac{-x}{\lambda}}\, dx = -\int_{\infty}^{0} \frac{x}{\lambda}\, e^{\frac{-x}{\lambda}}\, dx.$$

Mit der Substitution $y = x/\lambda$, d. h. $dx = \lambda\, dy$ folgt:

$$\bar{x} = - \int\limits_{\infty}^{0} y\, e^{-y} \lambda\, dy$$

$$= -\lambda \int\limits_{\infty}^{0} y\, e^{-y}\, dy = -\lambda \left[-e^{-y}(y+1) \right]_{\infty}^{0}$$

$$= \lambda.$$

Die Berechnung des Integrals wird im Abschn. 5.4 ausführlicher erklärt. Das Ergebnis $\bar{x} = \lambda$ bedeutet, dass die ursprünglich mit der Substitution in [Gl. (3.24)] eingeführte Größe λ mit

$$\lambda = \frac{1}{4\pi r^2 n_V}$$

derjenige Weg ist, den ein Teilchen im Mittel zwischen zwei Zusammenstößen zurücklegt.

Die mittlere freie Weglänge wurde als Mittelwert über eine größere Anzahl von Molekülen berechnet. Das zeitliche Mittel für ein einzelnes Molekül ist dann aber eben so groß. Somit ist λ auch der Mittelwert, den ein einzelnes Molekül zwischen zwei Zusammenstößen zurücklegt. Des Weiteren wurden kugelförmige Moleküle angenommen. Bei anders geformten Molekülen tritt anstelle des Partikelquerschnitts πr^2 eine Größe, die man als Wirkungsquerschnitt der Moleküle bezeichnet.

Damit können wir auch die eingangs genannte Fragestellung beantworten, wie groß der Anteil der Teilchen in einem Gas ist, der nach Zurücklegen eines bestimmten Weges einen Zusammenstoß mit einem anderen Gasteilchen erleidet. Die Anzahl der Teilchen, die auf einem Weg x einen Stoß erlitten hat, ist die von der Gesamtzahl der Teilchen subtrahierte Anzahl jener Teilchen, die keinen Stoß erhielten. Gerade das ist die Anzahl, die in [Gl. (3.23)] berechnet wird. Jetzt, nachdem wir wissen, dass die Größe λ aus [Gl. (3.24)] die mittlere freie Weglänge ist, setzen wir diese Substitution in [Gl. (3.23)] ein und erhalten:

$$n = n_0 e^{-4\pi r^2 n_V x} = n_0 e^{-\frac{x}{\lambda}}. \tag{3.25}$$

Die mittlere freie Weglänge und mit ihr verknüpft die Stoßfrequenz sind von großer praktischer Bedeutung für die Dimensionierung von Vakuumanlagen. Aus diesem Grund muss noch ein Ausflug in die Welt der realen Gase gemacht und von der Hartkugelvorstellung abgewichen werden. Vergleicht man bei unterschiedlichen Temperaturen gemessene mittlere freie Weglängen miteinander, so scheinen die Gasteilchen mit abnehmender Temperatur größer zu werden. Die Ursache dafür ist, dass die Moleküle zwar nach Außen hin elektrisch neutral sind, aber die Ladungen meistens unterschiedlich im Molekülverband verteilt sind. Liegt dies vor, so wirken diese Teilchen wie elektrische Dipole aufeinander; die jeweils ungleich geladenen „Enden" zweier Moleküle ziehen einander elektrostatisch an. Da nun mit abnehmender Temperatur die mittlere Geschwindigkeit der Gaspartikel sinkt, gewinnt der Prozess der Anziehung in zunehmendem Maße an Bedeutung. Das heißt, der Teilchendurchmesser wächst und die mittlere freie Weglänge wird verkleinert. *Sutherland* machte 1894 für die temperaturabhängige Moleküldimension folgenden Ansatz:

$$r(T) = r_\infty\sqrt{1 + \frac{T_V}{T}}. \tag{3.26}$$

Die Temperatur T_V wird *Sutherland*-Konstante oder Verdopplungstemperatur genannt. Das Verhältnis der Quadrate der beiden Radien und damit die dem Molekül zugeordnete Querschnittsfläche verdoppelt sich, wenn das Gas die Temperatur T_V hat. In Tabelle 3.1 sind die Molekülradien für eine unendlich hohe Temperatur r_∞ und die zugehörigen Verdopplungstemperaturen angegeben. Vergleicht man die in der aufgeführten Tabelle genannten Werte mit denen anderer Quellen, (z. B. [6, 7]), so wird man eine für praktische Belange zwar ausreichende Übereinstimmung der Werte, aber auch deutliche Abweichungen voneinander finden. Die Abweichungen sind vor allem in unterschiedlichen Methoden zur Bestimmung des Moleküldurchmessers zu suchen. Des Weiteren ist beispielsweise die Konstanz der Verdopplungstemperatur strittig. Die Beziehung [Gl. (3.26)] ist lediglich ein Ansatz zur Verbesserung der Moleküldurchmesserangabe für die Berechnung der mittleren freien Weglänge und erhöht die Genauigkeit dieser Berechnung.

Beispiel:
In einer Vakuumanlage, die bei Raumtemperatur arbeitet und mit Stickstoff gefüllt ist, soll eine Oberfläche mit Argon beschossen werden. Der Abstand der Argonquelle von der Fläche beträgt 0,5 m und die Geschwindigkeit der Argonatome wurde zu 6×10^4 m/s errechnet. Es sollen höchsten zwei Prozent der Argonteilchen durch Streuprozesse aus ihrer Bahn abgelenkt werden. Welchen Druck darf der Stickstoff höchstens haben?

Lösung:
Ist der Anteil der Teilchen festgelegt, welche maximal einen Stoß erfahren dürfen, so ist somit der Anteil der Teilchen, die nicht gestoßen werden, bekannt: In unserem Beispiel $1 - 0{,}02 = 0{,}98$. Dieser Wert ist das Verhältnis n/n_0 aus [Gl. (3.25)].

Tabelle 3.1 Molekülradien und Verdopplungstemperaturen [5]

Gas	$r_\infty/10^{-10}$ m	$T_V/$K
Wasserstoff	1,21	76
Helium	0,97	79
Methan	1,66	164
Ammoniak	1,23	503
Wasser	1,34	600
Stickstoff	1,60	112
Sauerstoff	1,48	132
Chlorwasserstoff	1,54	360
Argon	1,43	169
Kohlendioxid	1,73	273

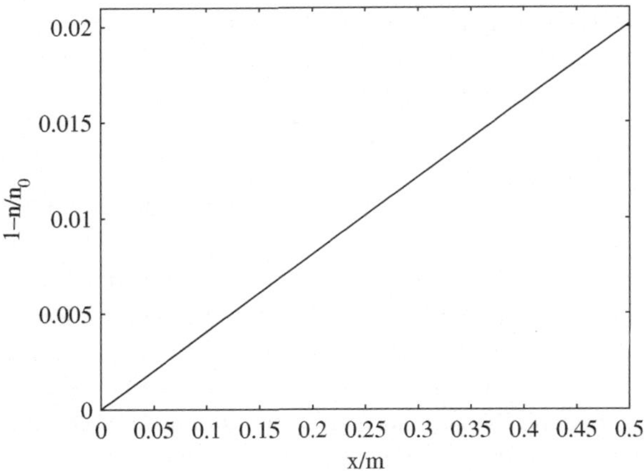

Abb. 3.6 Relativer Anteil der gestoßenen Argonatome

Im ersten Schritt interessiert uns die mittlere freie Weglänge, um in einem weiteren Schritt den zugehörigen Druck ausrechnen zu können. Wir verwenden die genannte Gleichung,

$$\frac{n}{n_0} = 0{,}98 = e^{-\frac{x}{\lambda}},$$

und erhalten:

$$\lambda = 49{,}5\,x = 24{,}75\,m \quad \text{mit} \quad x = 0{,}5\,m.$$

In Abb. 3.6 ist der Anteil der gestoßenen Atome über dem zurückgelegten Weg bei der soeben berechneten mittleren freien Weglänge aufgetragen. Jetzt stehen uns die beiden Beziehungen [Gln. (3.20) und (3.21)] zur Berechnung des Drucks zur Verfügung. Wir haben jetzt noch das Problem, uns für eine der beiden Gleichungen entscheiden zu müssen und danach die Teilchenradien zu bestimmen. [Gl. (3.20)] wurde unter der Bedingung hergeleitet, dass die gestoßenen Teilchen sich in Ruhe befinden. Es sind die Geschwindigkeiten der Stoßpartner zu vergleichen. Die mittlere Geschwindigkeit der Stickstoffmoleküle ist nach [Gl. (1.31)] $v_d = \sqrt{8\,kT/\pi m}$, wobei die Masse eines N_2-Moleküls, $m = 2 \times 14\,m_0 = 2 \times 14 \times 1{,}66 \times 10^{-27}$ kg, beträgt. Wir erhalten $v_d = 471\,\mathrm{m\,s^{-1}}$ und entscheiden uns für die genannte Gleichung, weil die Geschwindigkeit der Argonatome deutlich größer als die der Stickstoffatome ist. Zur Berechnung der Teilchenradien entnehmen wir Tabelle 3.1 die Verdopplungstemperaturen sowie die Radien für sehr hohe Temperaturen und erhalten mit [Gl. (3.26)]

$$r_1 = r_{N_2} = 1{,}6 \times 10^{-10}\,\mathrm{m}\,\sqrt{1 + \frac{112\,\mathrm{K}}{293\,\mathrm{K}}} = 1{,}88 \times 10^{-10}\,\mathrm{m}$$

bzw.

$$r_2 = r_{Ar} = 1,43 \times 10^{-10}\,\text{m}\,\sqrt{1 + \frac{169\,\text{K}}{293\,\text{K}}} = 1,80 \times 10^{-10}\,\text{m}.$$

Es muss nur noch der Druck berechnet werden. Dazu wird [Gl. (3.20)] umgestellt und die mittlere freie Weglänge und die Radien eingesetzt:

$$p = \frac{kT}{\pi(r_1 + r_2)^2\lambda}$$

$$= \frac{1,38 \times 10^{-23}\,\text{J K}^{-1} \times 293\,\text{K}}{\pi\,(1,88 \times 10^{-10}\,\text{m} + 1,80 \times 10^{-10}\,\text{m})^2 \times 24,75\,\text{m}}$$

$$= 3,8 \times 10^{-4}\,\frac{(\text{Nm K}^{-1})\,\text{K}}{\text{m}^2\,\text{m}} = 3,8 \times 10^{-4}\,\frac{\text{N}}{\text{m}^2} = 3,8 \times 10^{-4}\,\text{Pa}.$$

Um die Forderung, dass nur zwei Prozent der Argonatome durch einen Stoß mit einem Stickstoffmolekül von ihrer Bahn abgelenkt werden, zu realisieren, ist es notwendig, einen Druck von weniger als $4 \times 10^{-4}\,\text{Pa}$ in der Vakuumkammer zu erreichen.

Bei der Wertung des Ergebnisses müssen wir uns fragen, ob es überhaupt richtig ist, die korrigierten Molekülradien zu verwenden? Die mittlere freie Weglänge ist deutlich größer als die Gefäßabmessung und das Ergebnis zeigt, dass in der Vakuumkammer ein Druck im Hochvakuumbereich herrschen muss. Das bedeutet, dass die Möglichkeiten des „Zusammenklumpens" der Teilchen bei dieser geringen Teilchendichte, d. h. eine Vergrößerung ihrer Molekülradien durch elektrostatische Anziehung und der damit verbundenen Annäherung aneinander, eher gering sind. Die Rechnung mit unkorrigierten Radien ergibt einen maximalen Druck von $6 \times 10^{-4}\,\text{Pa}$. Dieser Unterschied ist in der experimentellen Praxis vernachlässigbar.

3.2.4 Druckbereiche und Zusammenfassung der Kenngrößen

In diesem Abschnitt wird der Druck in verschiedene Bereiche (Tabelle 3.2) eingeteilt. Dabei soll die Zustandsgleichung des idealen Gases in zumindest vernünftigen Maße das Verhalten der Gase beschreiben. Deshalb werden die Druckbereiche beginnend bei Normaldruck bis zum Bereich des extremen Ultrahochvakuums, aufgeführt und in Tabelle 3.3 die wichtigsten Parameter angegeben. In Anlehnung an die Definition des Normzustandes (s. Abschn. 3.1) wird für alle Angaben eine Tempe-

Tabelle 3.2 Druckbereiche nach DIN 28400

Name	Bezeichnung	Druckbereich/Pa
Grobvakuum	GV	$10^2 \ldots 3 \times 10^4$
Feinvakuum	FV	$10^{-1} \ldots 10^2$
Hochvakuum	HV	$10^{-5} \ldots 10^{-1}$
Ultrahochvakuum	UHV	$10^{-10} \ldots 10^{-5}$
Extremes Ultrahochvakuum	XHV	$< 10^{-10}$

Tabelle 3.3 Zusammenfassung der Kenngrößen $\left(p/\mathrm{Pa},\, n_V/\mathrm{m}^{-3},\, \lambda/m,\, v_W/(\mathrm{m}^{-2}\,\mathrm{s}^{-1}),\, v_V/\mathrm{s}^{-1}\right)$

		Größengleichung	
Größe	Formel	Wasserstoff	Stickstoff
Teilchendichte	$n_V = \frac{p}{kT}$	$2{,}7 \times 10^{20}\, p$	
mittlere freie Weglänge	$\lambda = \dfrac{kT}{\sqrt{2}\pi(r_1+r_2)^2 p}$	$1{,}1 \times 10^{-2}/p$	$5{,}9 \times 10^{-3}/p$
flächenspezifische Wandstoßrate	$v_W = \frac{n_V\, v_d}{4}$	$1{,}1 \times 10^{23}\, p$	$3{,}0 \times 10^{22}\, p$
Stoßfrequenz	$v_V = \sqrt{2}\, n_V \pi (r_1 + r_2)^2 v_d$	$1{,}5 \times 10^5\, p$	$7{,}7 \times 10^4\, p$

ratur von $0\,^\circ\mathrm{C} = 273{,}15\,\mathrm{K}$ zugrunde gelegt. Für die Berechnung der Kenngrößen muss selbstverständlich der Druck in Pascal benutzt werden.[3] Die Größengleichungen werden für Wasserstoff und Stickstoff angegeben. Wasserstoff ist in Vakuumkammern im Bereich des Ultrahochvakuums und bei noch kleineren Drücken das Gas, welches am meisten zum Totaldruck beträgt. In höheren Druckbereichen bis

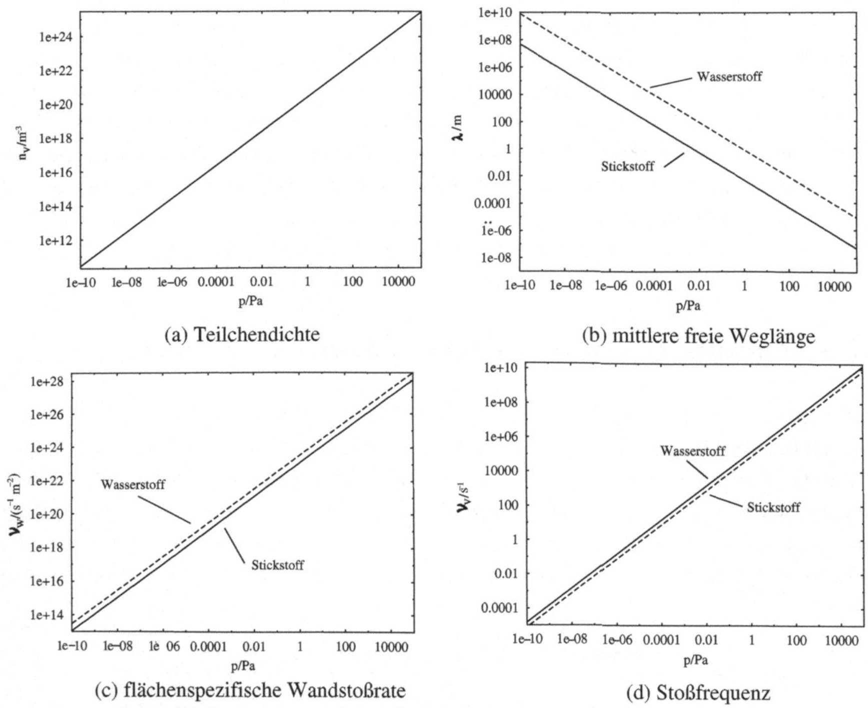

(a) Teilchendichte　　　　　　(b) mittlere freie Weglänge

(c) flächenspezifische Wandstoßrate　　　　　　(d) Stoßfrequenz

Abb. 3.7 Vakuumphysikalische Kenngrößen für Wasserstoff und Stickstoff

---

[3] Die Einheit Millibar, die in der messtechnischen Praxis von größerer Bedeutung ist, unterscheidet sich von Pascal lediglich um den Faktor 100: $1\,\mathrm{mbar} = 100\,\mathrm{Pa}$.

hin zum Normaldruck dominiert in zunehmenden Maße der „luftähnliche" Stickstoff, dessen relative Masse von 28 atomaren Masseneinheiten, amu, sich kaum von
der der Luft (29 amu) unterscheidet. Zusätzlich werden in Abb. 3.7 die vakuumphy-
sikalischen Kenngrößen für Wasserstoff und Stickstoff dargestellt.

3.3   Gase im gestörten Gleichgewicht

Unter gestörtem Gleichgewicht soll Folgendes verstanden werden: Eine äußere
Kraft wirkt so auf ein Gas, dass es zu strömen beginnt. Für die Dimensionierung
von gastechnischen Anlagen ist die Kenntnis der Strömungseigenschaften notwendig. Deshalb wird die Strömung von Gasen zwischen Platten und in Kapillaren, d. h.
in langen, dünne Rohren, behandelt. Für die Dimensionierung von Vakuumanlagen
ist die molekulare Strömung durch eine Blende besonders interessant.

3.3.1 Die Strömung zwischen Platten und in Kapillaren

Strömt Gas durch ein Behältnis, so ist die Strömungsgeschwindigkeit v_{str} durch
die nach allen Seiten gerichtete „Eigenbewegung" der Gasteilchen überlagert, wie
sie auch bei ruhenden Gasen auftritt. Dabei tritt Reibung überall da auf, wo sich
einzelne Gasschichten relativ zueinander bewegen. Es besteht ein Geschwindigkeitsgefälle senkrecht zur Bewegung, welche durch die eigentliche Strömung ver-
ursacht wird. Außer bei hochverdünnten Gasen im Bereich molekularer Strömung,
entsteht ein solches Geschwindigkeitsgefälle dadurch, dass die unmittelbar an der
Begrenzungswand anliegende Gasschicht an der Wand haftet, also die Geschwindigkeit Null hat. Die Reibung versucht die Relativgeschwindigkeit von einander
angrenzenden Schichten auszugleichen. Sie ist die Kraft F, welche die langsamere
Schicht zu beschleunigen und die schnellere zu verzögern versucht. Sie wird auch
innere Reibung genannt und durch den Austausch von Molekülen bzw. Atomen
zwischen benachbarten, unterschiedlich schnellen Gasschichten hervorgerufen (Diffusion). Dabei nimmt die schnellere Schicht Teilchen aus der langsameren auf und
wird dadurch langsamer. Umgekehrt wird die langsamere durch die Aufnahme von
schnelleren Teilchen beschleunigt. Zwei benachbarte Schichten erfahren also dem
Betrag nach gleiche, aber entgegengesetzte Impulsänderungen. Das entspricht dem
Wirken einer Kraft. Es gilt das *Newton*sche Reibungsgesetz:

$$F = \eta\, A\, \frac{dv}{dx}. \tag{3.27}$$

Hierbei ist A die Berührungsfläche der Gasschichten, v die Geschwindigkeit einer
Gasschicht und x die Ortskoordinate senkrecht zur Ausbreitungsrichtung. Der Fak-

tor η ist eine gasspezifische Größe, die Reibungskoeffizient oder Viskosität[4] genannt wird. Es werden die Reibungsverhältnisse für zwei wichtige Spezialfälle untersucht: die Gasströmung zwischen zwei planparallelen Platten und die Strömung in einem langen dünnen Rohr, einer Kapillare.

Strömung zwischen Platten. Strömt ein Gas zwischen zwei Platten mit konstanter Geschwindigkeit, so muss es zur Überwindung der Reibung von einer Kraft angetrieben werden. Wir gehen vom *Newton*schen Reibungsgesetz [Gl. (3.27)] aus:

$$F_R = \eta A \frac{dv}{dx} = \eta \, 2lb \, \frac{dv}{dx}. \tag{3.28}$$

Die Fläche A ist die Summe der beiden Seitenflächen des betrachteten Volumenelements (s. Abb. 3.8). Für die das Volumenelement bewegende Kraft gilt Kraft = Fläche $\times$ Druck, also in unserem Fall die Druckdifferenz $p_1 - p_2$ multipliziert mit der Stirnfläche[5]:

$$F_p = (p_1 - p_2) \, 2\tilde{x} \, b. \tag{3.29}$$

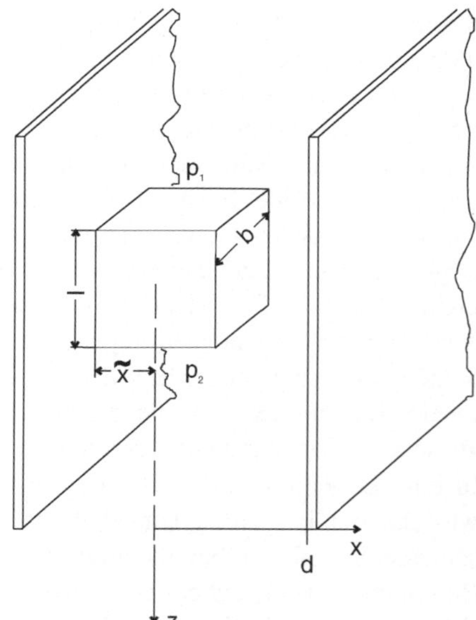

Abb. 3.8 Strömung zwischen Platten (1...Begrenzungsplatten, 2...betrachtetes Volumenelement der Länge l, der Breite b, und der Dicke $2\tilde{x}$)

---

[4] Der Begriff Viskosität leitet sich von dem lateinischen Wort für Mistel her, aus deren Beeren ein zäher Vogelleim hergestellt wurde.

[5] Die Tilde wird eingeführt, um bei den folgenden Rechenschritten einen Unterschied zwischen der Variablen x und der Integrationsgrenze zu haben.

Da das Gas zwischen den Platten nicht beschleunigt wird, sind die beiden Kräfte betragsmäßig gleich. Sie haben ein unterschiedliches Vorzeichen, weil sie in entgegengesetzte Richtungen wirken. Es gilt:

$$F_R = -F_p.$$

Durch Einsetzen der entsprechenden Kräfte [Gln. (3.28) und (3.29)] erhalten wir

$$\eta\, 2lb\, \frac{dv}{d\tilde{x}} = -(p_1 - p_2)\, 2\tilde{x}\, b.$$

Umstellung nach $dv/d\tilde{x}$ ergibt:

$$\frac{dv}{d\tilde{x}} = -\frac{(p_1 - p_2)}{\eta l}\, \tilde{x}.$$

An irgendeiner Stelle x hat das Volumenelement die Geschwindigkeit v. Die äußerste Flüssigkeitsschicht unmittelbar an der Wand ($x = d$) ist in Ruhe ($v = 0$). Deshalb muss auf die folgende Art integriert werden, um die Abhängigkeit der Geschwindigkeit vom Ort zu berechnen:

$$\int\limits_{v}^{0} d v = -\frac{(p_1 - p_2)}{\eta l} \int\limits_{x}^{d} \tilde{x}\, d\tilde{x}.$$

Es folgt ganz direkt:

$$v = v(x) = \frac{(p_1 - p_2)}{2\eta l}\left(d^2 - x^2\right). \tag{3.30}$$

Die Geschwindigkeit ist in der Mitte zwischen beiden Platten ($x = 0$) am größten und fällt parabolisch bis zu den Begrenzungsplatten ($x = d$) ab, an denen sie ganz verschwindet.

Strömung in einer Kapillaren. Eine Kapillare ist eine lange kreiszylindrische Röhre mit dem Radius r. Die Rohrlänge muss verglichen mit dem Radius groß sein, um den Einfluss evtl. Verwirblungen an den Rohrenden vernachlässigen zu können. Im Rohr betrachten wir einen koaxialsymmetrischen Strömungsfaden mit dem Radius x. An der Eintrittsöffnung herrscht der das Gas treibende Druck p_1. Längs des Rohres habe wir aufgrund der inneren Reibung einen Druckabfall, so dass am Rohrende lediglich der Druck p_2 mit $p_1 > p_2$ herrscht. In Abb. 3.9 wird die Situation schematisch dargestellt. Aus der Beziehung Druck = Kraft/Fläche, nach der Kraft aufgelöst, folgt unmittelbar die auf den Stromfaden wirkende Kraft

$$F_1 = (p_1 - p_2)\, \pi x^2.$$

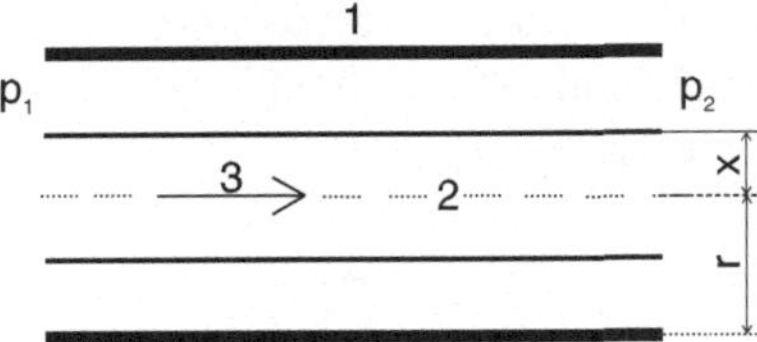

Abb. 3.9 Schematische Darstellung der Größen zur Herleitung der Hagen-Poiseuileschen Gleichung (1...Rohrwand, 2...Strömungsfaden, 3...Strömungsrichtung)

Da keine Beschleunigung des Gases vorliegt, beträgt die Kraft F_2 auf die Mantelfläche gemäß [Gl. (3.27)]:

$$F_2 = \eta\,(l\,2\pi x)\,\frac{dv}{dx}.$$

Analog zu den Überlegungen zur Strömung zwischen zwei Platten sind die Kräfte F_1 und F_2 gleich groß haben aber wegen ihrer unterschiedlichen Richtungen auch unterschiedliche Vorzeichen. Es folgt:

$$(p_1 - p_2)\,\pi x^2 = -\eta\,(l\,2\pi x)\,\frac{dv}{dx}$$

bzw.

$$\frac{dv}{dx} = -\frac{p_1 - p_2}{2\eta l}x.$$

Zur Berechnung der Geschwindigkeit ist unter der bereits eingangs gemachten Annahme, dass die Geschwindigkeit der Gasschicht unmittelbar an der Rohrwand Null ist, wie folgt zu integrieren:

$$\int\limits_{v}^{0} d\tilde{v} = \int\limits_{x}^{r} -\frac{p_1 - p_2}{2\eta l}\,\tilde{x}d\tilde{x}.$$

Wir erhalten

$$v = \frac{p_1 - p_2}{4\eta l}(r^2 - x^2). \tag{3.31}$$

Das ist die Geschwindigkeit der Gasschicht in Abhängigkeit vom Abstand zur Mitte der Kapillare. Vom maximalen Wert in der Rohrmitte, $x = 0$, fällt die Geschwindigkeit in parabolischer Form bis zur Rohrwand, $x = r$, ab. Um das durch den gesamten Rohrquerschnitt fließende Gasvolumen als Funktion der Zeit zu berechnen, betrachten wir eine Gasschicht, die in einem Hohlzylinder mit dem Innenradius x und dem Außenradius $x + dx$ strömt. Die Querschnittsfläche dieses Kreiszylinders ist $2\pi x \times dx$, (Länge $\times$ Breite). Im Zeitintervall dt hat das strömende Gas innerhalb dieses Hohlzylinders das Volumen $dV = (2\pi x\, dx)\, v\, dt$. Wir führen den Volumendurchsatz $\dot{V} = dV/dt = 2\pi x v\, dx$ ein. Wenn man zwischen der Rohrmittelachse und dem Rohrrand integriert, addiert man die in der Zeit dt fließenden Volumina aller Hohlzylinder und erhält den Gesamtdurchsatz über den vollen Rohrquerschnitt:

$$\dot{V} = \int\limits_0^r 2\pi x v\, dx.$$

Unter Verwendung von [Gl. (3.31)] folgt:

$$\dot{V} = \int\limits_0^r 2\pi x \frac{p_1 - p_2}{4\eta l}(r^2 - x^2)dx.$$

Wir erhalten

$$\dot{V} = \frac{\pi}{8\eta l}(p_1 - p_2)\, r^4. \tag{3.32}$$

Dieses Gesetz wurde 1839 von *Hagen* und kurze Zeit später unabhängig davon von auch *Poiseuille* hergeleitet und wird deshalb *Hagen-Poiseuillesches Gesetz* genannt.

In Abb. 3.10 wird die Geschwindigkeit-Orts-Abhängigkeit bei einer Gasströmung zwischen Platten gemäß [Gl. (3.30)] und in einer Kapillare nach [Gl. (3.31)] schematisch dargestellt.

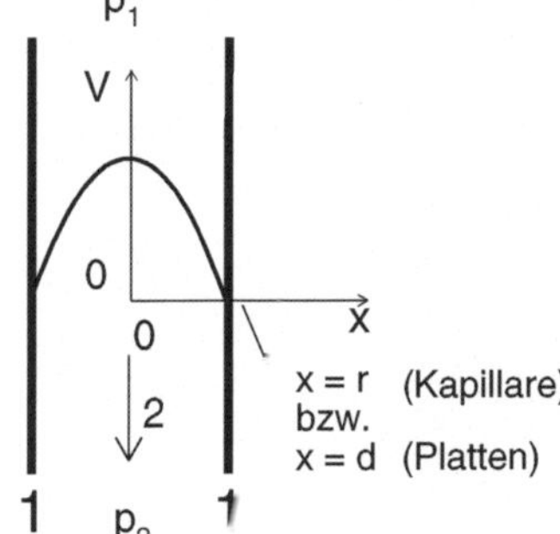

Abb. 3.10 Parabolischer Abfall der Strömungsgeschwindigkeit (1…Rohrwand bzw. Platte, 2…Strömungsrichtung)

3.3.2 Strömung durch eine Blende

Von großer praktischer Bedeutung für die Dimensionierung von Anlagen, in denen Gase strömen, ist der Strömungswiderstand, den die Anordnungen den Gasströmen entgegensetzen. Üblicherweise wird jedoch nicht der Strömungswiderstand, sondern sein reziproker Wert, der Leitwert, betrachtet. Kennt man ihn, so kann unter Berücksichtigung der Strömungsbedingungen berechnet werden, welche Gasmenge in einer bestimmten Zeit das einzelne Bauteil passiert. Dabei wollen wir in unser Beispiel die Wechselwirkung von Gaspartikeln untereinander ausschließen, d. h. die Gase sollen durch die Zustandsgleichung des idealen Gases beschrieben werden. Das trifft umso mehr zu, je niedriger der Druck ist. Dabei beschränken wir uns auf die einfachste Anordnung, die Strömung durch eine Blende. Lehrbücher für Strömungstechnik enthalten weiterführende strömungstechnische und -physikalische Betrachtungen. Wir gehen davon aus, dass sich jeweils eine bestimmte Anzahl n_1 bzw. n_2 von Gaspartikeln in zwei durch die Blende mit der Fläche A verbundenen Volumina V_1 und V_2 befindet. Abbildung 3.11 zeigt eine schematische Darstellung der Anordnung. Den Partikelanzahlen sind bei gegebenen Temperaturen und Volumina bestimmte Drücke p_1, p_2 resp. Teilchendichten $n_{V,1}$ und $n_{V,2}$ zugeordnet. Die Gaspartikel haben die von ihrer Temperatur T und Masse m abhängige mittlere Geschwindigkeit v_d [Gl. (1.26)]. Bei ihrer Bewegung stoßen die Gasteilchen mit der flächenspezifischen Wandstoßrate v_W [Gl. (3.5)] auf die Wände des Gefäßes bzw. durchdringen die Blendenfläche. Die folgende Rechnung erfolgt in zwei Schritten. Zuerst wird die Gasmenge, bzw. die Anzahl der Gasteilchen pro Zeiteinheit, bestimmt, welche die Fläche A durchdringt. Danach wird der eigentliche Leitwert berechnet.

Berechnung des Gasstroms. Wenn Gasteilchen nicht die Gefäßwand treffen, sondern die Fläche A durchfliegen, so haben sie keinen Kontakt mit den Wandungen und es erfolgt keine damit verbundene Richtungsänderung. Es fliegen von beiden Seiten (**hin** und **zurück**) nur Teilchen durch die Blendenöffnung, die zufälligerweise so eine Flugrichtung haben, bei der sie die Blendenfläche durchdringen können. Spezialisiert man dann die Beziehung [Gl. (3.5)] für die mittlere Wandstoßrate auf unseren Anwendungsfall, so bedeutet das:

$$v_h = \frac{n_{V,1}v_d}{4} \quad \text{bzw.} \quad v_r = \frac{n_{V,2}v_d}{4}.$$

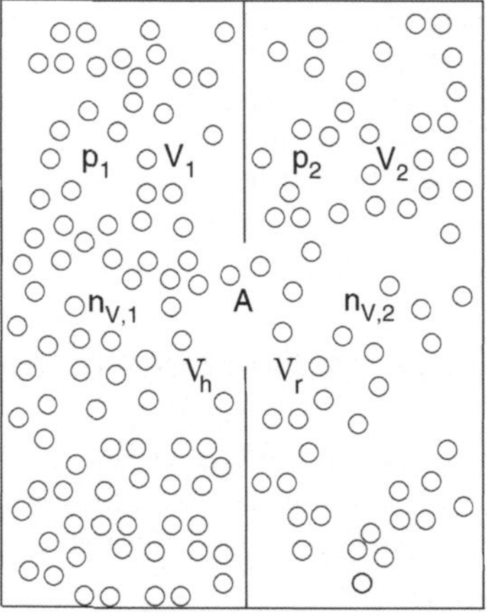

Abb. 3.11 Gasströme durch Blende bei unterschiedlicher Teilchendichte in beiden Volumina

Multipliziert man die flächenspezifische Wandstoßrate mit der Fläche A, so erhält man den Teilchenstrom, die Anzahl der Teilchen pro Zeit. Der resultierende Gasstrom durch die Blende ist die Differenz der beiden Gasströme. Betrachten wir die Anzahl der Gaspartikel, so berechnet sich die Gasmenge Q_n pro Fläche und Zeit bzw. der Gasstrom $\dot{Q}_n$ pro Fläche durch die Blende folgendermaßen:

$$\frac{d}{dt} Q_n = \dot{Q}_n = (\nu_h - \nu_r)\, A$$

$$= \left(n_{V,1}\, \frac{v_d}{4} - n_{V,2}\, \frac{v_d}{4} \right) A \tag{3.33}$$

$$= \frac{1}{4} v_d (n_{V,1} - n_{V,2})\, A = \frac{\text{Teilchendifferenz}}{\text{Zeit}}.$$

Liegt uns die Denkweise näher die Stoffmenge als Produkt von Druck und Volumen zu betrachten, so formen wir die [Gl. (3.33)] unter Verwendung der Zustandsgleichung für ideale Gase wie folgt um:

$$\dot{Q}_n = (\nu_h - \nu_r)\, A$$

$$= \left(\frac{\frac{p_1 V_1}{kT}}{V_1} \frac{v_d}{4} - \frac{\frac{p_2 V_2}{kT}}{V_2} \frac{v_d}{4} \right) A$$

$$= \frac{1}{4} \frac{1}{kT}\, v_d (p_1 - p_2)\, A = \frac{\text{Teilchendifferenz}}{\text{Zeit}}. \tag{3.34}$$

Jetzt wollen wir die Zustandsgleichung des idealen Gases einmal so lesen, dass man durch Multiplikation der Teilchenzahl mit $k\,T$ die Gasmenge erhält: $pV = n\,(k\,T)$. Analog erhalten wir den Gasstrom aus dem Teilchenstrom:

$$\frac{d}{dt}(pV) = \frac{d}{dt}\, n\,(k\,T)$$

bzw. in anderer Schreibweise

$$\dot{Q}_{pV} = \dot{Q}_n\, k\,T. \tag{3.35}$$

Damit erhalten wir aus [Gl. (3.34)] für den Gasstrom pro Fläche in Gasmengen formuliert:

$$\dot{Q}_{pV} = \left(\frac{1}{4} v_d (p_1 - p_2) \right) A = \frac{\text{Gasmengendifferenz}}{\text{Zeit}}.$$

Zum Abschluss dieser Gedankengänge vergegenwärtigen wir uns noch einmal, dass die mittlere Geschwindigkeit von Gaspartikeln bei gegebener Temperatur proportional der Quadratwurzel aus dem reziproken Wert der Teilchenmasse ist [Gl. (1.31)]:

$$v_d \propto \frac{1}{\sqrt{m}}.$$ (3.36)

Aus [Gl. (3.34)] in Verbindung mit [Gl. (3.36)] resultiert, dass der Teilchenstrom bei gegebener Fläche, Temperatur und Druckdifferenz die folgende analoge Proportionalität zeigt: $\dot{Q}_n \propto 1/\sqrt{m}$. Vergleicht man die beiden Teilchenraten $\dot{Q}_{n_1}$ und $\dot{Q}_{n_2}$ in den beiden Richtungen beim Durchgang durch die Blende, so ergibt sich:

$$\frac{\dot{Q}_{n_1}}{\dot{Q}_{n_2}} = \sqrt{\frac{m_2}{m_1}}.$$ (3.37)

Dieser Zusammenhang wird auch als *Grahams*ches Gesetz bezeichnet.

Berechnung des Leitwertes. Definitionsgemäß berechnet sich der Leitwert L eines durchströmten Elementes:

$$L = \frac{1}{p_1 - p_2}\, \dot{Q}_{pV}.$$ (3.38)

Damit erhalten wir unter Benutzung der Druck- bzw. Gasmengendifferenz:

$$L = \frac{1}{p_1 - p_2}\, \frac{1}{4}\, v_d (p_1 - p_2)\, A = \frac{1}{4}\, v_d\, A.$$

Analog errechnen wir den Leitwert unter Benutzung der Teilchendichten unter Verwendung der [Gl. (3.35)]:

$$L = \frac{1}{n_{V,1} - n_{V,2}}\, \dot{Q}_n$$

und unter Berücksichtigung der [Gl. (3.33)]

$$L = \frac{1}{n_{V,1} - n_{V,2}}\, \frac{1}{4} v_d (n_{V,1} - n_{V,2})\, A = \frac{1}{4}\, v_d\, A.$$

Beide Ergebnisse stimmen überein:

$$L = \frac{1}{4}\, v_d\, A.$$ (3.39)

Der Leitwert als strömungstechnischer Parameter einer Anordnung kann natürlich nicht davon abhängen, ob bei der Herleitung die Differenz von makroskopischen Gasmengen oder der Unterschied von Teilchendichten benutzt wird.

3.4 Transportvorgänge in Gasen

In einem makroskopisch ruhenden Gas bewegen sich die Gasteilchen ungeordnet. Sie wechseln nach jedem Zusammenstoß mit den Wandflächen oder einem anderen Teilchen ihre Geschwindigkeit und ihre Richtung. Wenn es aber im Gas aufgrund äußerer Einflüsse zu Inhomogenitäten der Dichte, der Temperatur oder der Geschwindigkeit kommt, dann ist die ungeordnete Bewegung durch eine geordnete Bewegung überlagert. Sie wirkt so, dass die äußeren Einflüsse, beispielsweise ein Temperaturunterschied durch lokale Erwärmung, ausgeglichen werden. Diese Ausgleichsvorgänge werden Transporterscheinungen genannt. Sie sind uns zum Teil aus vorangegangenen Kapiteln bekannt, werden aber hier noch einmal zusammengestellt und systematisiert. Wir unterscheiden drei Transporterscheinungen:

- Innere Reibung,
- Wärmeleitung und
- Diffusion.

Diese werden in den folgenden Abschnitten genauer beschrieben. Dabei wird deutlich, dass es zwar zweckmäßig ist zur Beschreibung einzelner Sachverhalte in der Natur diese einem bestimmten Teilgebiet zuzuordnen; man kommt aber nicht umhin hin und wieder eine „Anleihe" beim übergeordneten Fachgebiet, in unserem Fall der Wärmelehre, zu nehmen.

3.4.1 Innere Reibung

Der Mechanismus der inneren Reibung wurde bereits im Abschn. 3.3.1 ausführlich beschrieben. Deshalb sei nur noch einmal festgestellt, dass die Ursache für die innere Reibung eine molekulare Impulsübertragung ist, so dass sich einzelne Schichten eines Gases unterschiedlich schnell bewegen. Zur quantitativen Beschreibung dient das *Newton*sche Reibungsgesetz $F = \eta\, A\, \frac{dv}{dx}$ mit A als der Berührungsfläche der Gasschichten, und v der Geschwindigkeit von Teilchen längs der x-Ortskoordinate senkrecht zur eigentlichen Fließrichtung. Der Proportionalitätsfaktor η ist die Viskosität:

$$\eta = \frac{1}{3} v_d\, \lambda\, \rho. \tag{3.40}$$

Im Folgenden soll die Beziehung [Gl. (3.40)] hergeleitet werden. Dazu dividieren wir die Gleichung für das *Newton*sche Reibungsgesetz durch die Fläche. Wir erhalten eine Größe von der Dimension eines Druckes.[6] Es ist die Impulsstromdichte, die Größe des Impulses pro Fläche und Zeit. Diese Stromdichte ist proportional der Viskosität und dem Geschwindigkeitsgradienten:

---

[6] Es ist kein Druck, denn die Kraft wirkt nicht auf die Fläche sondern parallel zu ihr entlang der Fließrichtung.

$$\frac{dp_t}{dt\,A} = \eta\,\frac{dv}{dx}. \tag{3.41}$$

Die Teilchen stoßen mit der Stoßrate $\nu_W = (n_V\,v_d)/4$, [Gl. (3.5)], auf die Grenzfläche. Dabei transportieren die Teilchen den Impuls von einer Schicht in die andere. Wesentlich dabei ist die Geschwindigkeitsdifferenz der Schichten und nicht deren Absolutgeschwindigkeit. Die Geschwindigkeit benachbarter Schichten setzt sich zusammen aus der mittleren Geschwindigkeit beider Schichten v_0 und der Differenz der beiden Schichten zum Mittelwert $v_{\text{schnell,diff}}$ und $v_{\text{langsam,diff}}$. Somit erhalten wir die Geschwindigkeiten der beiden Schichten zu:

$$v_{\text{schnell}} = v_0 + v_{\text{schnell,diff}}$$

$$v_{\text{langsam}} = v_0 - v_{\text{langsam,diff}}.$$

Durch die Grenzfläche wird folgender Impuls pro Zeit und Fläche übertragen:

$$\begin{aligned}
\frac{dp_t}{dt\,A} &= m\,v_{\text{schnell,diff}}\,\nu_W - m\,v_{\text{langsam,diff}}\,\nu_W \\
&= m\,\nu_W\,(v_{\text{schnell,diff}} - v_{\text{langsam,diff}}) \\
&= m\,\nu_W\,dv.
\end{aligned} \tag{3.42}$$

Unbekannt ist noch die Geschwindigkeitsdifferenz dv der Teilchen quer zur eigentlichen Strömungsrichtung. Wir schreiben

$$dv = \left(\frac{dv}{dx}\right) dx. \tag{3.43}$$

Dabei ist dx eine Schichtdicke, deren Größe jetzt abgeschätzt wird. Es bietet sich die mittlere freie Weglänge λ an, weil auf dieser Distanz die meisten Teilchen, ohne einen Stoß zu erleiden, von einer Schicht in die andere kommen. Dabei ist es aber so, dass sich die Teilchen nicht immer senkrecht zur eigentlichen Strömungsrichtung bewegen. In Abb. 3.12 wird die Situation verdeutlicht. Es wird angenommen, dass sich die Teilchen unter dem Winkel α zur Grenzfläche bewegen und dieser Winkel

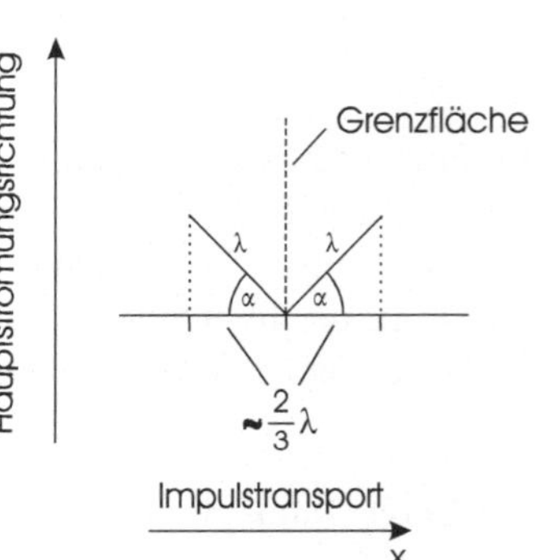

Abb. 3.12 Abschätzung der Schichtdicke

alle Werte zwischen 0 und 90° mit gleicher Wahrscheinlichkeit einnehmen kann. Es wird der mittlere „wirkliche" Weg, das Mittel der Projektion von λ auf die x-Achse, berechnet. Dazu wird über alle Winkel gemittelt:

$$\frac{\lambda}{\frac{\pi}{2} - 0} \int\limits_0^{\frac{\pi}{2}} \cos\alpha \, d\alpha = \frac{2}{\pi}\lambda \approx \frac{2}{3}\lambda.$$

Die gesuchte Schichtdicke ist die Summe der „Eindringtiefe" eines Teilchens in die schnelle bzw. langsame Schicht:

$$dx = \frac{2}{3}\lambda + \frac{2}{3}\lambda = \frac{4}{3}\lambda. \tag{3.44}$$

Wir erhalten aus [Gl. (3.43)] das Geschwindigkeitsintervall

$$dv = \left(\frac{dv}{dx}\right)\frac{4}{3}\lambda \tag{3.45}$$

und können es in [Gl. (3.42)] einsetzen:

$$\begin{aligned}
\frac{dp_t}{dt\,A} &= m\,v_W \left(\frac{dv}{dx}\right)\frac{4}{3}\lambda \\
&= m\,\frac{n_V\,v_d}{4}\left(\frac{dv}{dx}\right)\frac{4}{3}\lambda \\
&= \frac{1}{3}\,m\,n_V\,v_d\left(\frac{dv}{dx}\right)\lambda.
\end{aligned}$$

Diese Stromdichte ist aber gerade der Term von [Gl. (3.41)]:

$$\eta\,\frac{dv}{dx} = \frac{1}{3}\,m\,n_V\,v_d\left(\frac{dv}{dx}\right)\lambda. \tag{3.46}$$

Durch Auflösen nach η und unter Verwendung von $m\,n_V = \rho$ erhalten wir direkt [Gl. (3.40)].

3.4.2 Wärmeleitung

Hat ein Gas in dem ihm zur Verfügung stehenden Volumen an einer Stelle, sei es durch Erwärmen oder auch durch Abkühlen, eine andere Temperatur als im übrigen Raum, so erfolgt ein Energietransport von der wärmeren zur kälteren Stelle. Diese Erscheinung wird Wärmeleitung genannt. Wir wollen vorerst den einfachsten, den eindimensionalen und stationären Fall betrachteten. Das Gas sei in einem schmalen

langen Gaskanal entlang der x-Achse angeordnet und es herrsche ein Temperatur-
profil $T(x)$. Damit ist der Temperaturgradient dT/dx längs der Achse gegeben.
Unter diesen Bedingungen wird Energie von Stellen höherer Temperatur zu Stellen niedrigerer übertragen. Diese Energieübertragung der Wärmeenergie E_W wird
durch die *Fourier*-Gleichung beschrieben:

$$dE_W = -K \frac{d}{dx} T(x) \, dA \, dt. \tag{3.47}$$

Die Konstante K heißt Wärmeleitfähigkeit. Die übertragene Wärme- sprich Energiemenge hängt also vom Temperaturunterschied pro Wegelement, dem Querschnitt
des Gaskanals dA und der Zeit dt ab. Die Wärmeleitfähigkeit K berechnet sich zu:

$$K = \frac{1}{3} v_d \, \lambda \, \rho \, c_V, \tag{3.48}$$

wobei die Größe c_V die spezifische Wärmekapazität[7] bei konstantem Volumen ist.
   Der Koeffizient der Wärmeleitfähigkeit wird analog zur Berechnung der Viskosität hergeleitet. Wir vergegenwärtigen uns noch einmal, dass die Stoßrate die
Anzahl von Stößen eines Gasteilchens pro Fläche und Zeit ist. Die Änderung der
inneren Energie eines Gases bei einer Temperaturänderung dT beträgt $Mc_V dT$.
Dabei ist M die Masse der Gasmenge. Daraus ergibt sich die Energiestromdichte
der Gasteilchen:

$$mc_V \, v_W \, dT. \tag{3.49}$$

Dabei ist m die Masse *eines* Gasteilchens. Wir schreiben für die unbekannte Temperaturdifferenz

$$dT = \left(\frac{dT}{dx}\right) dx,$$

wobei der Term $\frac{dT}{dx}$ die Temperaturdifferenz längs eines Weges, der Temperaturgradient, ist. Wiederum steht die Frage nach dem Wegelement dx. Wir übernehmen die
Argumentation vom Abschn. 3.4.1 und schreiben:

$$dT = \frac{dT}{dx} \frac{4}{3} \lambda.$$

---

[7] Die spezifische Wärmekapazität ist die Änderung der inneren Energie bei einer Temperaturänderung, bezogen auf die Masse eines Gases und die Temperaturdifferenz. Dabei wird keine me-
chanische Arbeit verrichtet. Diese Größe wird nicht extra behandelt, weil sie aus Lehrbüchern der
Thermodynamik hinreichend bekannt ist.

Diesen Term sowie die Formel für die Stoßrate setzen wir in [Gl. (3.49)] ein und erhalten:

$$m c_V \frac{n_V v_d}{4} \left(\frac{dT}{dx} \frac{4}{3}\lambda \right). \tag{3.50}$$

Andererseits folgt aus der *Fourier*gleichung [Gl. (3.47)] die Energiestromdichte zu

$$K \frac{dT}{dx}. \tag{3.51}$$

Das „vergessene" Minuszeichen resultiert daraus, dass die Energiestromdichte positiv sein soll, der Temperaturgradient aber negativ ist.[8] Durch Gleichsetzen der [Gln. (3.50) und (3.51)] erhalten wir

$$K = \frac{1}{3} v_d \lambda c_V (m\, n_V). \tag{3.52}$$

Einsetzen der Dichte ρ für $m\, n_V$ ergibt nun direkt die gesuchte Beziehung [Gl. (3.48)].

3.4.3 Diffusion

Unter Diffusion versteht man den Ausgleich von Konzentrationsunterschieden durch Massenströme. Es kann der Fall sein, dass in einen Gasraum mit einer Gassorte eine zweite eingegeben wird. Letztere breitet sich im Gefäß aus, so dass nach einiger Zeit eine völlige Durchmischung der Gase vorliegt. Jedoch ist es im Spezialfall nicht einmal notwendig, unterschiedliche Gase zu haben. Wenn durch irgendeinen Prozess innerhalb eines Gasbehälters eine Anzahl von Gaspartikeln abgesondert und an einer Stelle angereichert wird, und der separierende Einfluss zu einem Zeitpunkt nicht mehr wirkt, so gleicht sich auch in diesem Fall nach einiger Zeit der Konzentrationsunterschied aus. Diesen Vorgang nennt man Selbstdiffusion.

Stellen wir uns eine unterschiedliche Massenverteilung zweier Gase längs eines im Vergleich zur Querausdehnung langen Gaskanals vor. Wir bezeichnen das als eindimensionalen Fall. Die Dichte der ersten sich ausbreitenden Komponente ist eine Funktion des Ortes längs des Gaskanals: $\rho = \rho(x)$. In diesem Fall wird der Diffusionsvorgang durch das *Fick*sche Gesetz beschrieben:

$$dM = -D \frac{d\rho}{dx}\, dA\, dt. \tag{3.53}$$

Dabei ist dM ein Masseelement der ersten Komponente, das in der Zeit dt die Fläche dA durchdringt. Der Term $d\rho/dx$ ist der Dichtegradient entlang des Gaskanals.

---

[8] (hohe Temperatur − niedrige Temperatur)/(kleiner Weg − großer Weg)

Der Proportionalitätsfaktor D heißt Diffusionskoeffizient und im Fall der Selbstdiffusion nennen wir ihn Koeffizient der Selbstdiffusion. Er berechnet sich zu:

$$D = \frac{1}{3} v_d \, \lambda. \tag{3.54}$$

Die Herleitung ist analog den Überlegungen zur Berechnung der Viskosität und der Wärmeleitfähigkeit. Die Massenstromdichte beträgt:

$$n \, m \, v_W = M \, v_W = \rho \, V \left(\frac{n_V \, v_d}{4} \right).$$

Zur Berechnung der Massenstromdichte einer beliebig kleinen Gasmenge, eines einzelnen Gasteilchens, wird dieser Term durch die Anzahl der Partikel geteilt und der Dichtegradient eingeführt:

$$m \, v_W = \frac{1}{n} \left(\frac{d\rho}{dx} dx \right) V \left(\frac{n}{V} \, v_d \, \frac{1}{4} \right).$$

Wie oben beschrieben beträgt das Wegelement $dx = \frac{4}{3}\lambda$. Wir erhalten die Massenstromdichte einer beliebig kleinen Gasmenge:

$$\frac{1}{3} \frac{d\rho}{dx} \lambda \, v_d. \tag{3.55}$$

Wir stellen jetzt das *Fick*sche Gesetz [Gl. (3.53)] nach der Stromdichte des Masseelementes um und erhalten:

$$\frac{dM}{dA \, dt} = -D \, \frac{d\rho}{dx}. \tag{3.56}$$

Durch Gleichsetzen der Massenstromdichten [Gln. (3.55) und (3.56)] erhalten wir die gesuchte Beziehung (3.54). Das negative Vorzeichen resultiert aus der physikalischen Überlegung, dass die Dichte eines Stoffes abnimmt, wenn er sich in einem Medium ausbreitet. Der Dichtegradient ist negativ, so dass die Massenstromdichte wieder positiv wird.

Der Faktor $\frac{1}{3}$ wurde im Jahr 1860 von *Maxwell* hergeleitet. Genauer wäre jedoch eine Zahl, die den Charakter der Wechselwirkung zwischen den einzelnen Gasteilchen berücksichtigt. Beispielsweise beträgt der Faktor 0,499, wenn die Moleküle als glatte, harte Kugeln angesehen werden [8]. Eine Berechnung unter Berücksichtigung zweier Gasarten, der sich ausbreitenden und der ursprünglich vorhandenen, führt zu dem Ergebnis ([6], S. 54):

Tabelle 3.4 Experimentell und rechnerisch ermittelte Diffusionskonstanten für Gase bei einem Druck von 1 *bar* und einer Temperatur von 20 °C, ([6], S. 55)

Gas	$D/(10^{-5}\,\mathrm{m^2\,s^{-1}})$	
	Experimentell	Errechnet
H_2	7,2	7,4
He	7,1	6,5
H_2O	2,5	1,9
Ne	3,2	3,1
N_2	2,2	2,0
O_2	2,0	2,0
Ar	1,9	1,9
CO_2	1,5	1,5
Kr	1,5	1,5
Xe	1,2	1,2

$$D \approx \frac{1}{3}\sqrt{v_{d,1}^2 + v_{d,2}^2}\,\frac{1}{(n_{V_1} + n_{V_2})\,\frac{\pi}{4}(d_1 + d_2)^2} = \frac{4}{3\pi}\,\frac{\sqrt{v_{d,1}^2 + v_{d,2}^2}}{(n_{V_1} + n_{V_2})(d_1 + d_2)^2}.$$

$$(3.57)$$

Hierbei sind $v_{d,1,2}$ die Durchschnittsgeschwindigkeiten der beiden Gasarten, $n_{1,2}$ die zugehörigen Teilchendichten und $d_{1,2}$ die Durchmesser der Moleküle. Die mit dieser Gleichung berechneten Werte zeigen eine gute Übereinstimmung mit experimentell ermittelten Diffusionskonstanten. In Tabelle 3.4 sind gemessene und mit [Gl. (3.57)] berechnete Werte einander gegenübergestellt. Abschließend soll die [Gl. (3.57)] zur Berechnung des Diffusionskoeffizienten für den Fall der Selbstdiffusion vereinfacht werden. Das bedeutet, dass die Durchmesser und die Durchschnittsgeschwindigkeiten übereinstimmen und die Teilchendichten addiert werden:

$$v_{d,1} = v_{d,2} = v_d, \quad d_1 = d_2 = d \quad \text{und} \quad n_{V,1} + n_{V,2} = n_V.$$

$$D \approx \frac{1}{3}\sqrt{v_{d,1}^2 + v_{d,2}^2}\,\frac{1}{(n_{V,1} + n_{V,2})\,\frac{\pi}{4}(d_1 + d_2)^2}$$

$$= \frac{1}{3}\sqrt{2}\,v_d\,\frac{1}{n_V\,\frac{\pi}{4}(2d)^2} = \frac{\sqrt{2}}{3\pi}\,\frac{v_d}{n_V\,d}.$$

Bisher haben wir die Diffusion längs eines Gaskanals betrachtet. Gehen wir zur dreidimensionalen Diffusion, dem Ausgleich von Konzentrationsunterschieden im freien Raum über, so wird die Abhängigkeit der Konzentration vom Ort (x, y, z) und der Zeit t durch die folgende *Differentialgleichung der Diffusion* beschrieben:

$$\frac{\partial c}{\partial t} = \frac{\partial}{\partial x}\left(D\frac{\partial c}{\partial x}\right) + \frac{\partial}{\partial y}\left(D\frac{\partial c}{\partial y}\right) + \frac{\partial}{\partial z}\left(D\frac{\partial c}{\partial z}\right).$$

$$(3.58)$$

Ist die Diffusionskonstante konstant und hängt insbesondere nicht von der Konzentration ab, so kann [Gl. (3.58)] vereinfacht werden.

$$\frac{\partial c}{\partial t} = D\left(\frac{\partial}{\partial x}\frac{\partial}{\partial x}c + \frac{\partial}{\partial y}\frac{\partial}{\partial y}c + \frac{\partial}{\partial z}\frac{\partial}{\partial z}c\right) = D\,\Delta c. \tag{3.59}$$

Die Beziehung (3.59) bezeichnet man als zweites *Fick*sches Gesetz, wobei Δ der LAPLACE-Operator ist. Ergänzend zur obigen Schreibweise in kartesischen Koordinaten soll er noch einmal in Kugelkoordinaten $(r,\ \vartheta,\ \varphi)$ auf die Konzentration angewendet werden:

$$\Delta c = \frac{1}{r^2}\left(\frac{\partial}{\partial r}\left(r^2\frac{\partial c}{\partial r}\right) + \frac{1}{r^2\sin\vartheta}\frac{\partial}{\partial\vartheta}\left(\sin\vartheta\frac{\partial c}{\partial\vartheta}\right) + \frac{1}{r^2\sin^2\vartheta}\frac{\partial^2 c}{\partial\varphi^2}\right). \tag{3.60}$$

Es werden die Lösungen der [Gl. (3.58)] für die Ausbreitung in x-Richtung und der [Gl. (3.59)] entlang der r-Koordinate angegeben:

$$c(x,t) = \frac{M}{\sqrt{\pi Dt}}\,e^{-\frac{x^2}{4Dt}}, \qquad c(r,t) = \frac{M}{8\rho(\pi Dt)^{3/2}}\,e^{-\frac{r^2}{4Dt}}. \tag{3.61}$$

3.4.4 *Zusammenstellung und Interpretation der Ergebnisse*

In der Tabelle 3.5 werden die Transportvorgänge zusammengefasst und die notwendigen Gleichungen sowie die zugehörigen Koeffizienten einander gegenübergestellt.

Es folgen zwei Betrachtungen zum besseren Verständnis der Impuls- und der Energieübertragung. Bei der Betrachtung der Wärmeleitung und der inneren Reibung enthalten die zugehörigen Koeffizienten jeweils das Produkt aus der Dichte ρ und der mittleren freien Weglänge λ. Dieses Produkt sei noch einmal extra ausgeführt. Vorher wird, ohne Einschränkung der Allgemeingültigkeit, angenommen, dass das betrachtete Gas aus nur einer Gasart besteht, und damit $r_1 = r_2$ in [Gl. (3.21)] gilt. Des Weiteren ist die Gesamtmasse des betrachteten Gases M. Damit ergibt sich für die mittlere freie Weglänge

Tabelle 3.5 Zusammenfassung der Transportvorgänge

Vorgang	Transportierte Größe	Gleichung	Koeffizient
Diffusion	Masse	$dM = -D\frac{d\rho}{dx}\,dA\,dt$	$D = \frac{1}{3}v_d\,\lambda$
Innere Reibung	Impuls	$dF = -\eta\frac{dv}{dx}\,dA$	$\eta = \frac{1}{3}v_d\,\lambda\,\rho$
Wärmeleitung	Innere Energie	$dQ = -K\frac{dT}{dx}\,dA\,dt$	$K = \frac{1}{3}v_d\,\lambda\,\rho\,c_V$

$$\lambda = \frac{kT}{\sqrt{2}\pi\, D^2 p} \qquad \text{mit} \qquad D = r_1 + r_2. \qquad\qquad (3.62)$$

Jetzt führen wir die Multiplikation aus:

$$\lambda\,\rho = \frac{kT}{\sqrt{2}\pi\, D^2 p}\,\frac{M}{V}.$$

Nach Einsetzen des Drucks durch Verwendung der Zustandsgleichung des idealen Gases folgt:

$$\lambda\,\rho = \frac{kT}{\sqrt{2}\pi\, D^2\left(\frac{nkT}{V}\right)}\,\frac{M}{V} = \frac{M}{\sqrt{2}\pi\, D^2 n}.$$

Damit hängen das Produkt aus der Dichte und der mittleren freien Weglänge und folglich auch die Wärmeleitfähigkeit und die Viskosität nicht von der Dichte ab.

In einem weiteren Schritt soll die Temperaturabhängigkeit der Viskosität aufgezeigt werden. Zu untersuchen ist das Produkt aus mittlerer freier Weglänge, der Durchschnittsgeschwindigkeit der Gaspartikel und der Dichte des Gases. Es werden noch einmal die bereits weiter oben benutzten Konventionen bezüglich der Teilchendurchmesser und der Bezeichnung der Gesamtmasse des Gases benutzt:

$$\lambda\,v_d\,\rho = \frac{kT}{\sqrt{2}\pi\, D^2 p}\,\sqrt{\frac{8kT}{\pi m}}\,\frac{M}{V}.$$

Wiederum wird der Druck substituiert und danach vereinfacht. Wir erhalten die Temperaturabhängigkeit:

$$\lambda\,v_d\,\rho = \frac{2M}{\pi^{3/2} D^2 n_V}\,\sqrt{\frac{kT}{n}} \propto \sqrt{T}.$$

Die Viskosität von Gasen steigt mit der Temperatur gemäß einer Wurzelfunktion.

Weiterhin erhalten wir eine Aussage zur Druckabhängigkeit der inneren Reibung. Der zurückgelegte Weg der Teilchen von einer Gasschicht in die benachbarte entspricht der mittleren freien Weglänge. Verdünnt man ein Gas beispielsweise durch Einsatz einer Vakuumpumpe, so erhöht sich die mittlere freie Weglänge und damit auch seine innere Reibung.

3.5 Gase im Gravitationsfeld

In diesem Kapitel soll die Druckverteilung von Gasen, z. B. der uns umgebenden Luft unter der Einwirkung der Schwerkraft beschrieben werden.

Jedes uns umgebende Gasteilchen unterliegt zwei Einflüssen, die sich gegensätzlich auf die Verteilung der Gase auswirken. Die Schwerkraft zieht die Gase nach unten und verdichtet sie möglichst nahe der Erdoberfläche. Diesem Einfluss steht die Molekularbewegung entgegen. Diese bewirkt, dass sich das Gas möglichst gleichmäßig im Raum verteilt. Das Ergebnis dieser beiden einander entgegenwirkenden Effekte ist, dass der Gasdruck der uns umgebenden Luft auf der Erdoberfläche am größten ist und mit wachsender Entfernung von ihr abnimmt.

Die Durchschnittsgeschwindigkeit und damit die zerstreuende Wirkung ist bei Gasen mit geringerer Masse größer [s. Gl. (1.26)]. Zusätzlich unterliegt jedes Gasteilchen der Schwerkraft $m\,g$ mit der Erdbeschleunigung $g = 9,81\,\mathrm{ms}^{-2}$ in Richtung Erdoberfläche. Leichtere Gase haben also mit zunehmender Entfernung von der Erdoberfläche eine gleichmäßigere Verteilung als Gase mit höherer Masse bzw. höherem Gewicht.

Betrachtet wird zunächst eine dünne horizontale Schicht der Dicke Δx mit dem Querschnitt A. Wie bereits bei der Herleitung der Formel für den Gasdruck begründet (Abschn. 2.1.1), nehmen wir an, dass alle Moleküle bzw. Atome, die gegen diese Grenzen stoßen, von diesen reflektiert werden. Wir stellen uns vor, dass die Schicht mit masselosen Wänden umgeben ist, die sich wie ein im Gas eingebetteter fester Körper verhalten, im Kräftegleichgewicht schwebend. Wenn aber diese Schicht schwebt, dann ist die Summe der an ihr angreifenden Kräfte gleich Null. Die Schicht befindet sich in der Höhe x über dem Niveau $x = 0$. Die Abb. 3.13 zeigt schematisch die Lage der betrachteten Schicht. Wenn an der unteren Grenzfläche der Druck gleich p ist, so beträgt er an der oberen auf dem Niveau $x + \Delta x$:

$$p + dp = p + \frac{1}{1!}\frac{d}{dx}(p + dp)(x - x_0) + \frac{1}{2!}\frac{d^2}{dx^2}(p + dp)(x - x_0)^2 + \dots$$

Da es sich um ein sehr dünnes Gasscheibchen handelt ist der Druckanstieg nahezu linear, d. h. konstant. Damit wird die zweite Ableitung gleich Null,

$$= p + \frac{d}{dx}p\,\Delta x + \frac{1}{2}\,0\,(\Delta x)^2$$
$$= p + \Delta x\frac{dp}{dx},$$

wie sich mit einer Taylorentwicklung leicht zeigen lässt. Entwickelt wird der Druck an der Stelle x_0 für kleine x. Wenn ρ die Dichte des Gases in der Schicht mit der Fläche A und der Dicke Δx ist, so beträgt das Gewicht der Gasschicht

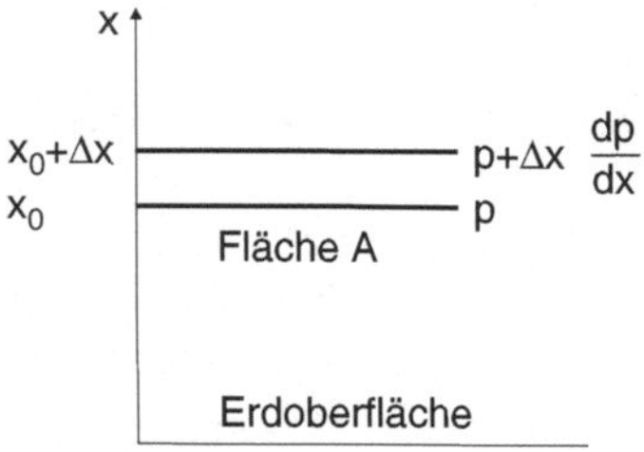

Abb. 3.13 Zur Herleitung
der Barometrischen
Höhenformel

$$\rho \, A \, \Delta x \, g.$$

Das Produkt $A \, \Delta x$ ist das Volumen und dieses multipliziert mit der Dichte ergibt die Masse. Als Produkt von Masse und Erdbeschleunigung erhalten wir das Gewicht. Damit wirken auf die untere Grenzfläche das Gewicht des Gasscheibchens und die auf die obere Grenzfläche wirkende Druckkraft:

$$p \, A = \rho \, g \, A \, \Delta x + \left(p + \Delta x \frac{dp}{dx} \right) A$$

Nach der Division durch die Fläche erhalten wir

$$p = p + \Delta x \, \frac{dp}{dx} + \rho \, g \, \Delta x$$

und umgeformt

$$\frac{dp}{dx} = -\rho \, g. \tag{3.63}$$

Jetzt berücksichtigen wir noch, dass aus der Bernoullischen Gleichung $p = 1/3 \, n_V \, m \, \overline{v^2}$, [Gl. (2.2)], die Konstanz des Quotienten p/ρ bei konstanter Temperatur folgt. Wir verdeutlichen uns, dass das Produkt aus Teilchendichte und Masse die Massendichte ρ des Gases ergibt:

$$n_V \, m = \frac{n}{V} \, m = \frac{M}{V} = \rho.$$

Mit anderen Worten, der Quotient p_0/ρ_0 aus dem Druck und der Dichte auf der Höhe $x = 0$ ist gleich dem Ausdruck p/ρ, beispielsweise auf der Höhe x:

$$\frac{p_0}{\rho_0} = \frac{p}{\rho}.$$

Es folgt unmittelbar $\rho = \rho_0 \, p/p_0$. Damit wird die Beziehung [Gl. (3.63)] umgeformt:

$$dp = -\rho \, g \, dx = -\rho_0 \frac{p}{p_0} \, g \, dx$$

d. h.

$$\frac{dp}{p} = -\rho_0 \frac{1}{p_0} g \, dx.$$

Integrieren wir diese Gleichung, so folgt unmittelbar:

$$\int\limits_{p_0}^{p} \frac{d\tilde{p}}{p} = -\frac{\rho_0}{p_0} g \int\limits_{x_0}^{x} d\tilde{x}.$$

Die Umbenennungen von p zu $\tilde{p}$ bzw. von x zu $\tilde{x}$ werden aus rein formalem Grund durchgeführt, damit die Integrationsgrenzen nicht gleich den Integrationsvariablen sind. Die Auswertung der Integrale ergibt:

$$\ln p - \ln p_0 = -\frac{\rho_0}{p_0} g \, (x - x_0).$$

bzw.

$$\ln p = \ln p_0 + \left(-\frac{\rho_0}{p_0} g \, (x - x_0) \right).$$

Durch Auflösen nach dem Druck p erhalten wir die *Barometrische Höhengleichung*:

$$p = p_0 \, e^{-\frac{\rho_0}{p_0} g \, (x - x_0)}. \tag{3.64}$$

Mit ihr ist es möglich, wenn die Temperatur als konstant angenommen wird, den Luftdruck in der Höhe x über einer Bezugsebene, z. B. der Erdoberfläche, auf dem Niveau x_0 zu berechnen.

Es soll noch eine zweite Herleitung vorgestellt werden. Sie geht von einem ganz anderen Denkansatz aus und führt somit zu einem tieferen Verständnis des Sachverhaltes. Zusätzlich erhalten wir eine quantitative Beziehung zwischen der Diffusionskonstante D [s. Gl. (3.54)] und der Beweglichkeit der Gasmoleküle. Wie bereits beschrieben unterliegen die Moleküle eines Gases zwei Tendenzen. Zum einen fallen sie im Schwerefeld nach unten und würden sich alle am Erdboden sammeln, wenn es zum anderen nicht die Diffusion der Gasteilchen gäbe. Diese wirkt dahingehend, dass die Gasteilchen sich möglichst gleichmäßig im Raum verteilen.

Betrachten wir als erstes die Bewegung der Teilchen in Richtung Erdoberfläche. Die Kraft F in diese Richtung ist die Gewichtskraft des Gasteilchens mit

$$F = m \, g.$$

Wir multiplizieren beide Seiten der Gleichung mit der Geschwindigkeit v, die das Gasteilchen zu diesem Zeitpunkt hat und dividieren anschließend durch die Kraft:

$$v = \frac{v}{F} \, m \, g.$$

Der Quotient v/F wird als Beweglichkeit μ des Gasteilchens bezeichnet. Somit erhalten wir den Zusammenhang zwischen der Geschwindigkeit und der Beweglichkeit:

$$v = \mu \, m \, g.$$

Wenn eine Teilchenmenge, der die Teilchendichte n_V zugeordnet wird, zu Boden sinkt, ergibt sich die Teilchenstromdichte

$$j_{sink} = -n_V\, v = -n_V\, \mu\, m\, g.$$

Diese ist vereinbarungsgemäß negativ, weil der Gasstrom sich in Richtung Erdoberfläche bewegt. Wir vergegenwärtigen uns diese Beziehung noch einmal, indem wir Maßeinheiten einsetzen:

$$[j_{\text{sink}}] = \frac{1}{\text{m}^3}\,\frac{\text{m}}{\text{s}} = \frac{1}{\text{m}^2}\,\frac{1}{\text{s}}.$$

Die obige Beziehung gibt die Anzahl der Teilchen pro Fläche und Zeit, also eine Teilchenstromdichte an. Im nächsten Schritt wollen wir den Diffusionsstrom berechnen. Dazu benutzen wir das *Fick*sche Gesetz [Gl. (3.53)]:

$$dM = -D\frac{d\rho}{dx}\,dA\,dt. \tag{3.65}$$

Die Größe dM ist die Masse eines Volumenelements. Wir dividieren sie durch das Flächen- und das Zeitelement und erhalten den Massendiffusionsstrom:

$$\frac{dM}{dA\,dt} = j_{\text{diff},m} = -D\,\frac{d\rho}{dx}. \tag{3.66}$$

Nun übertragen wir diese Beziehung auf den Teilchenstrom. Jede Inhomogenität der Teilchendichte n_V bewirkt einen Teilchendiffusionsstrom in x-Richtung.

$$j_{\text{diff}} = -D\,\frac{dn_V(x)}{dx}.$$

Nochmals, dieser Diffusionsstrom ist in Abweichung von den [Gln. (3.65) und (3.66)] der Teilchenstrom, d. h. die Anzahl der Teilchen pro Fläche und Zeit. Bringt man ein Gas im Schwerefeld durch Verwirbeln aus dem Gleichgewicht, so wird sich nach einer gewissen Zeit das Gleichgewicht wieder einstellen. Dieser Zustand ist dadurch gekennzeichnet, dass der Gasstrom, hervorgerufen durch die Erdanziehungskraft, gleich dem Diffusionsgasstrom ist. Letzterer bewirkt, dass sich die Gasteilchen möglichst gleichmäßig verteilen. Der resultierende Gasstrom, d. h. die Summe der beiden Gasströme, verschwindet:

$$0 = j_{\text{sink}} + j_{\text{diff}}$$
$$= -\mu\, m\, g\, n_V(x) + \left(-D\,\frac{dn_V(x)}{dx}\right).$$

Es liegt eine Differentialgleichung erster Ordnung mit konstantem Koeffizienten zur Bestimmung von $n_V(x)$ vor:

$$0 = \frac{d}{dx} n_V(x) + \frac{\mu \, m \, g}{D} n_V(x)$$

Mit der Bedingung $n_V(x = 0) = n_{V,0}$ erhalten wir direkt

$$n_V(x) = n_{V,0} \, e^{-\frac{\mu \, m \, g \, x}{D}} = n_{V,0} \, e^{\frac{-m\,g\,x}{\frac{D}{\mu}}} . \qquad (3.67)$$

Diese Beziehung ist wiederum die Barometrische Höhengleichung, nur dass im Exponenten die Beweglichkeit der Gaspartikel und die Diffusionskonstante verwendet werden. Wir vergleichen diese Beziehung mit [Gl. (1.4)] aus dem Abschn. 1.1, der Behandlung der *Boltzmann*schen Verteilung:

$$\frac{n_V(x_1)}{n_V(x_0)} = e^{-\frac{E_{p_1}-E_{p_0}}{N_A\,kT}} = e^{-\frac{\frac{E_{p_1}-E_{p_0}}{N_A}}{kT}} . \qquad (3.68)$$

In den [Gln. (3.67) und (3.68)], jeweils im rechten Term, steht in beiden Fällen im Zähler des Exponenten die Differenz der potentiellen Energie *eines* Gasteilchens. Dividieren wir beide Exponenten durch diese Energie, verbleibt $D/\mu = kT$ bzw.

$$D = \mu \, k \, T. \qquad (3.69)$$

Diese Beziehung wird auch *Einstein*-Beziehung genannt. Sie beschreibt den Zusammenhang zwischen der Beweglichkeit der Gasteilchen und der Diffusionskonstanten.

Beispiel:
Wie verhält sich der Luftdruckverlauf zwischen dem Meeresspiegelniveau und dem Gipfel der Zugspitze bei ca. 3000 m Höhe. Der Luftdruck auf Meereshöhe wird mit 1 bar angenommen. Die Temperatur betrage unabhängig von der Höhe 20 °C.

Lösung:
Zur Berechnung des Luftdruckes benutzen wir die Barometrische Höhenformel [Gl. (3.64)]

$$p = p_0 \, e^{-\frac{\rho_0}{p_0} g x} .$$

Unbekannt sind noch der Druck auf Meeresspiegelniveau in der Maßeinheit Pascal und die zugehörige Dichte $\rho_0 = m/V$ der Luft. Es folgt die Umrechnung der Druckmaßeinheiten:

$$p = 1\,\text{bar} = 1000\,\text{mbar} = 1000 \times 100\,\text{Pa} = 10^5\,\text{Pa}.$$

Zur Berechnung der Dichte müssen wir eine bestimmte Gasmenge und das zugehörige Volumen betrachten. Wir benutzen die Stoffmenge 1 mol. Die mittlere molekulare Masse der Luft beträgt $M_m = 29\,\mathrm{g\,mol^{-1}}$. Um die Dichte $\rho_0 = \frac{M_m}{V_m}$ zu ermitteln, ist noch das molare Volumen V_m zu ermitteln. Aus der idealen Gasgleichung (2.4) folgt:

$$
\begin{aligned}
V_m &= \frac{nkT}{p} \\[2mm]
&= \frac{(6{,}022 \times 10^{23}\,\mathrm{mol^{-1}}) \times 1{,}38 \times 10^{-23}\,\mathrm{J\,K^{-1}} \times (273{,}15 + 20)\,\mathrm{K}}{10^5\,\mathrm{Pa}} \\[2mm]
&= 0{,}02436\,\frac{\mathrm{mol^{-1}\,kg\,m\,s^{-2}\,m\,K^{-1}\,K}}{\mathrm{kg\,m\,s^{-2}\,m^{-2}}} \\[2mm]
&= 0{,}02436\,\mathrm{m^3/mol}.
\end{aligned}
$$

Damit wird die Luftdichte auf Meeresspiegelhöhe berechnet:

$$
\rho_0 = \frac{29\,\mathrm{g\,mol^{-1}}}{0{,}02436\,\mathrm{m^3\,mol^{-1}}} = 1{,}19 \times 10^3\,\mathrm{g\,m^{-3}} = 1{,}19\,\mathrm{kg\,m^{-3}}.
$$

Somit erhalten wir die unmittelbar verwendbare Formel

$$
\begin{aligned}
p(x) &= 10^5\,\mathrm{Pa} \times e^{-\frac{1{,}19\,\mathrm{kg\,m^{-3}}\,9{,}81\,\mathrm{m\,s^{-2}}\,x}{10^5\,\mathrm{Pa}}} \\[2mm]
&= 10^5\,\mathrm{Pa} \times e^{\frac{-1{,}167\times10^{-4}\,x\,\mathrm{kg\,m^{-3}\,m\,s^{-2}}}{\mathrm{kg\,m\,s^{-2}\,m^{-2}}}} \\[2mm]
&= 10^5\,\mathrm{Pa} \times e^{-1{,}167\times10^{-4}\,x\,\mathrm{m^{-1}}}
\end{aligned}
$$

und berechnen den Druck bei der geforderten Höhe zu

$$
p(3000\,\mathrm{m}) = 10^5\,\mathrm{Pa} \times e^{-1{,}167\times10^{-4}\,3000\,\mathrm{m\,m^{-1}}} = 7{,}046 \times 10^4\,\mathrm{Pa} \approx 705\,\mathrm{mbar}.
$$

Die graphische Darstellung des Luftdruckverlaufs bis zur Höhe der Zugspitze zeigt Abb. 3.14.

Beispiel:
Wie groß ist die Luftdruckdifferenz bei kleinen Höhenunterschieden. Die Luftdichte wird dabei als konstant angenommen.

Lösung:
Zur Berechnung wird die Barometrische Höhenformel [Gl. (3.64)] an der Stelle $x = 0$ zu einer Taylorreihe entwickelt:

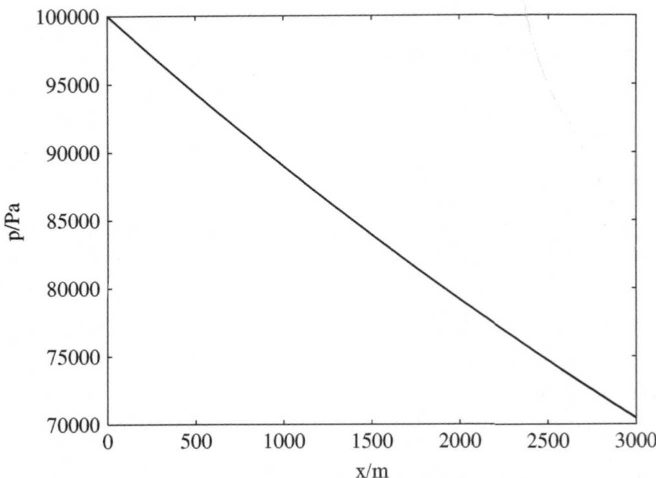

Abb. 3.14 Abnahme des Luftdrucks zwischen Meeresspiegelniveau und Gipfel der Zugspitze

$$p(x) = p_0 e^{\frac{-\rho_0 x g}{p_0}} + \frac{1}{1!} p_0 e^{\frac{-\rho_0 x g}{p_0}} \left(-\frac{\rho_0 g}{p_0} \right)(x - 0)^1$$

$$+ \frac{1}{2!} p_0 \left(-\frac{\rho_0 g}{p_0} \right) e^{\frac{-\rho_0 x g}{p_0}} \left(-\frac{\rho_0 g}{p_0} \right)(x - 0)^2 + \dots$$

Das ergibt vereinfacht:

$$p(x) = p_0 - \rho_0 g x + \frac{1}{2} \frac{(\rho_0 g x)^2}{p_0} + \dots \tag{3.70}$$

Setzen wir die schon oben benutzten Werte für p_0, ρ_0 und die Erdbeschleunigung g ein, so erhalten wir:

$$\frac{p(x)}{\text{Pa}} = 10^5 - 11{,}7 + 6{,}8 \times 10^{-4} + \dots$$

Es wird deutlich, dass die Terme ab 2. Ordnung vernachlässigt werden können. Diese Erkenntnis nutzen wir und stellen [Gl. (3.70)] nach der Druckdifferenz um:

$$p_0 - p = \rho_0\, g\, x.$$

Diese Beziehung zeigt, dass bei kleinen Höhenunterschieden, d. h. bei konstanter Dichte des Gases, der Druck linear mit der Höhe abnimmt.[9]

---

[9] Unter diesen Umständen ist die Gleichung identisch mit derjenigen zur Berechnung des hydrostatischen Drucks in Flüssigkeiten.

Beispiel:

In welchem Maße erhöht sich das Gewicht eines völlig evakuierten Gefäßes, wenn es mit Gas der Masse M gefüllt wird?

Lösung:

Wir nehmen ein zylindrisches Gefäß nicht allzu großer Höhe an. Es ist zu bedenken, dass nur ein winziger Bruchteil der Gasmoleküle einen Druck auf die obere und untere Begrenzungsfläche ausübt. Die übrigen Teilchen bewegen sich frei im Raum. Die Kräfte, welche auf die Seitenwände wirken, kompensieren sich, da das Gefäß natürlich von diesen komplett ummantelt ist. Dabei erfolgt der Druck auf die obere *und* die untere Grenzfläche - und das noch in entgegengesetzte Richtungen. Die Differenz dieser Drücke erzeugt eine resultierende Kraft, welche die Gewichtsänderung darstellt.

Der Druck am Boden des Gefäßes sei p_0 und in der Höhe x sei er p_1. Die untere und auch die obere Begrenzungsfläche haben jeweils den Flächeninhalt A. Wie bereits gezeigt, beträgt der Druck $p_1 = p_0 + \rho_0\, g\, x$. Wir bilden die Differenz, ersetzen die Dichte durch den Quotienten aus Masse und Volumen und berücksichtigen, dass das Volumen das Produkt aus Grundfläche und Höhe ist. Dann erhalten wir unmittelbar

$$p_0 - p_1 = \rho_0\, g\, x = \frac{M}{V}\, g\, x = \frac{M}{A\, x}\, g\, x = \frac{M}{A}\, g.$$

Die resultierende Kraft ist die Druckdifferenz multipliziert mit der Fläche $(p_0 - p_1)\, A = M\, g$. Die Gewichtszunahme des Gefäßes ist gleich dem Gewicht des eingefüllten Gases. Der beschriebene Gedankengang zeigt, dass das durchaus plausible Ergebnis nicht so trivial ist, wie es auf den ersten Blick erscheint.

3.6 Bestimmung des Teilchendurchmessers

Die Kenntnis des Teilchendurchmessers von Molekülen und Atomen ist für die Bestimmung einiger Kenngrößen, z. B. der mittleren freien Weglänge und damit auch für praktische, ingenieurtechnische Belange, von großer Bedeutung. Deshalb soll in diesem Abschnitt die Bestimmung der Moleküldimensionen noch einmal explizit in Kurzform beschrieben werden, denn die Vorgehensweise ist in den Kapiteln über die Zustandsgleichung von realen Gasen und die innere Reibung bereits behandelt worden, allerdings ohne darauf hinzuweisen, dass es sich um Methoden zur Bestimmung des Moleküldurchmessers handelt.

Auswertung der van der Waals*sche Zustandsgleichung.* Im Abschn. 2.2.2 wird beschrieben, dass Gasteilchen in der Realität ein Volumen haben, wobei bei idealen Gasen das Teilchenvolumen vernachlässigt wird. Ist ein Behältnis mit einem realen Gas gefüllt, so haben wir nicht das ganze Volumen, das sich aus den geometrischen Abmaßen ergibt, „frei" für Teilchenbewegungen zur Verfügung. Aus diesem Grund

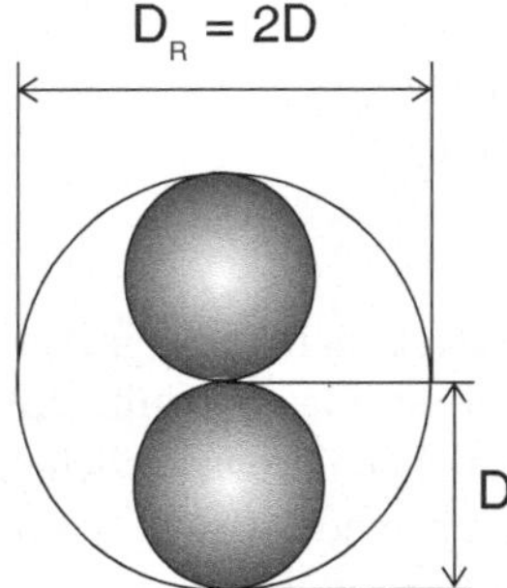

Abb. 3.15 Zur Berechnung des Teilchenvolumens mittels der *van der Waals*schen Zustandsglei-chung (D...Moleküldurchmesser, D_R...kleinster möglicher Raumdurchmesser zweier benach-barter Moleküle)

muss in der *van der Waals*schen Zustandsgleichung [Gl. (2.23)] vom Volumen ein Betrag abgezogen werden. Dieser Betrag ist ein Maß für das Gesamtvolumen V_S aller Gasteilchen. Abbildung 3.15 zeigt schematisch die Anordnung zur Berechnung des Teilchendurchmessers. Das Gas bestehe aus Molekülen bzw. Atomen mit dem Durchmesser D. Unter der Annahme, dass zwei Gasmoleküle unmittelbar benach-bart sind, benötigen sie als „Aufenthaltsraum" zumindest das Volumen V_D einer Kugel mit dem Durchmesser $D_R = 2D$:

$$V_D = \frac{4}{3}\,\pi\,\left(\frac{D_R}{2}\right)^3 = \frac{4}{3}\,\pi\,\left(\frac{2D}{2}\right)^3 = \frac{4}{3}\,\pi\,D^3.$$

In einem Mol eines Gases befinden sich N_A Moleküle. Es können sich also ma-ximal $N_A/2$ Paare der Gasteilchen in unmittelbarer Nachbarschaft befinden. Un-ter Verwendung der soeben benutzten Annahmen wird von dem eigentlichen geo-metrischen Rauminhalt unseres Gasgefäßes das Volumen V_s für die Gasteilchen benötigt:

$$V_s = \frac{N_A}{2}\,\frac{4}{3}\,\pi\,D^3 = \frac{N_A}{2}\,\frac{4}{3}\,\pi\,\left(\frac{D_R}{2}\right)^3.$$

Anschaulicher ist es, dass Volumen aller Gasmoleküle auf das Volumen eines ein-zelnen Moleküls

$$V_{\text{Molekül}} = \frac{4}{3}\,\pi\,\left(\frac{D}{2}\right)^3$$

zu beziehen:

$$\frac{V_s}{V_{\text{Molekül}}} = \frac{\frac{N_A}{2}\,\frac{4}{3}\,\pi\,D^3}{\frac{4}{3}\,\pi\,\left(\frac{D}{2}\right)^3} = 4\,N_A$$

Das Volumen V_s ist aber gerade das Kovolumen b_m, was in der *van der Waals*schen Zustandsgleichung vom geometrischen Volumen des Gasgefäßes subtrahiert wird:

$$b_m = 4\,N_A\,V_{\text{Molekül}} = 4\,N_A\,\frac{4}{3}\,\pi\left(\frac{D}{2}\right)^3.$$

Ist das molare Kovolumen aus Druck-Volumen-Messungen bekannt, kann unmittelbar der Teilchendurchmesser berechnet werden:

$$D = \left(\frac{3\,b_m}{2\,N_A\,\pi}\right)^{1/3}. \tag{3.71}$$

Die Annahmen bei der Herleitung von [Gl. (3.71)] machen deutlich, dass der hiermit erhaltene Teilchendurchmesser lediglich die Größenordnung der Moleküldurchmesser liefern sollte: Die Form eines Moleküls ist nicht kugelförmig. Des weiteren wird angenommen, dass sich in dem Aufenthaltsraum mit dem Durchmesser D_R keine weiteren Moleküle befinden. Die Abb. 3.15 zeigt, dass dies nicht zutreffen muss.

Beispiel:
Das Kovolumen für Stickstoff beträgt $b_m = 31{,}9 \times 10^{-6}\,\text{m}^3\,\text{mol}^{-1}$ (vgl. das Beispiel in Abschn. 2.2.2). Zu berechnen ist der Moleküldurchmesser.

Lösung:
Der Durchmesser wird direkt unter Verwendung der [Gl. (3.71)] unter Zuhilfenahme der *Avogadro*ischen Konstante berechnet.

$$D = \left(\frac{3 \times 31{,}9 \times 10^{-6}\,\text{m}^3\,\text{m}^{-1}}{2 \times 6{,}022045 \times 10^{23}\,\text{mol}^{-1}\,\pi}\right)^{1/3} = 3{,}141 \times 10^{-10}\,\text{m}.$$

Messung durch Bestimmung der inneren Reibung. Im Abschn. 3.3.1 wird die Strömung in einer Kapillaren beschrieben und das Hagen-Poiseuillesche Gesetz [Gl. (3.32)] hergeleitet:

$$\dot{V} = \frac{\pi}{8\eta l}(p_1 - p_2)\,r^4.$$

Damit haben wir eine Beziehung zwischen dem Gasdurchsatz in einer Kapillare bei gegebener Druckdifferenz und den Kapillarenabmessungen. Der Gasdurchsatz wird von der Viskosität η des Gases beeinflusst. Sie kann somit unmittelbar experimentell gewonnen werden. Des Weiteren kennen wir die Viskosität als Proportionalitätsfaktor im *Newton*schen Reibungsgesetz [Gl. (3.40)]

$$\eta = \frac{1}{3}\,v_d\,\lambda\,\rho$$

zur Beschreibung der inneren Reibung. Der Teilchendurchmesser ist in der Beziehung für die mittlere freie Weglänge [Gl. (3.21)] enthalten. Wir setzen diese und zur weiteren Vereinfachung die Durchschnittsgeschwindigkeit der Gaspartikel, [Gl. (1.31)], und die Dichte $\rho = (n\,m)/V = n_V\,m$ in obige Gleichung ein und erhalten:

$$\eta = \frac{1}{3}\sqrt{\frac{8kT}{\pi m}}\,\frac{1}{\sqrt{2\pi}\,(2r)^2\,n_V}\,(n_V\,m).$$

Hierbei wurde in der [Gl. (3.21)] $r_1 = r_2 = r$ gesetzt, weil kein Gasgemisch, sondern ein einheitliches Gas vorliegt. Wir stellen diese Gleichung nach r um und berücksichtigen, dass der Durchmesser das Zweifache des Radius ist:

$$D = 2r = \sqrt{\frac{2}{3}}\,\frac{1}{\pi^{3/4}}\,\eta^{-1/2}\,m^{1/4}\,(k\,T)^{1/4}. \tag{3.72}$$

In Tabelle 3.6 werden Teilchenradien, die mit den beiden beschriebenen Methoden ermittelt wurden, einander gegenübergestellt [6]: Dabei fällt auf, dass mit Ausnahme der beiden leichtesten Gase, Wasserstoff und Helium, die aus der Viskosität errechneten Werte stets größer sind als die aus dem Kovolumen berechneten.[10] Um das zu erklären, müssen wir uns noch einmal die Bedeutung der Durchmesserbestimmung verdeutlichen. Die allerwenigsten Gase sind kugelförmig. Sie *verhalten* sich entsprechend der Messmethode wie Kugeln mit eben dem zu ermittelnden Durchmesser, der den Gasteilchen entsprechend ihres Verhaltens zugeordnet

Tabelle 3.6 Molekülradien bei 20 °C gewonnen aus den beiden Messmethoden (M_r...relative Molekül- bzw. Atommasse, a_m, b_m...*van-der-Waals*-Koeffizienten, d_{vdW}...Durchmesser durch Asserting des Kovolumens, η...Viskosität, d_η...Durchmesser durch Auswertung von Viskositätsmessungen) [6]

Gas	M_r	a_m	b_m	d_{vdW}	η	d_η
	amu	$\frac{m^6\,Pa}{mol^2}$	$\frac{10^{-6}m^3}{mol^1}$	nm	$10^{-6}\,Pa\,s$	nm
Wasserstoff	2,016	0,0244	26,6	0,276	8,82	0,274
Helium	4,003	0,0034	23,7	0,266	19,65	0,218
Methan	16,043	0,2253	42,8	0,324	11,08	0,410
Ammoniak	17,031	0,4170	31,7	0,309	10,05	0,437
Wasser	18,015	0,5464	30,5	0,289	31,5	0,258
Stickstoff	28,013	0,1390	39,1	0,314	17,59	0,374
Sauerstoff	31,99	0,1360	31,8	0,293	20,39	0,359
Chlorwasserstoff	36,461	0,3667	40,8	0,319	14,08	0,447
Argon	39,948	0,1345	32,2	0,294	22,3	0,363
Kohlendioxid	44,010	0,3592	42,7	0,324	14,88	0,465

---

[10] An der angegeben Stelle, S. 58, wird die Vermutung geäußert, dass die Kovolumina über einen größeren Temperaturbereich gemessen und gemittelt worden sind, also für die angegebene Temperatur nicht ganz korrekt sind.

wird. In der *van der Waals*schen Zustandsgleichung wird zwar auch von sich einander anziehenden harten Kugeln ausgegangen (vgl. Abschn. 2.2.2), jedoch sind der Einfluss der Kraft und der des Eigenvolumens in der Zustandsgleichung separiert [s. Gl. (2.23)]:

$$\underbrace{\left(p + a_m / V_m^2\right)}_{\text{Kraft}} \underbrace{\left(V_m - b_m\right)}_{\text{Volumen}} = RT. \tag{3.73}$$

Die gegenseitige Anziehung der Teilchen hat keinen Einfluss auf das Kovolumen bzw. den Durchmesser. Im Gegensatz dazu kann bei der experimentellen Bestimmung durch die Viskositätsmessung die gegenseitige Anziehung nicht vernachlässigt werden. Etwas salopp gesagt - die Gaspartikel „klumpen" zusammen. Der Durchmesser steigt dadurch.

Literaturverzeichnis

1. Messer Griesheim GmbH, Abteilung Sondergase. *Gase-Handbuch*. Messer Griesheim GmbH, Abteilung Öffentlichkeitsarbeit, Frankfurt, Hanauer Landstr. 330, 1985.
2. A. Einstein. Zur Theorie der Brownschen Bewegung. *Annalen der Physik*, 18(323), 1905.
3. Ch. Edelmann *Vakuumphysik*. Spektrum Akademischer Verlag , Heidelberg; Berlin, 1998.
4. W. H. Westphal. *Physik*. Springer-Verlag, Berlin; Göttingen; Heidelberg, 1950.
5. W. Teubner, L. Heunemann, S. Szyszka, W. Schwenke. *Berechnungsunterlagen, Katalog Teil 15A*. VEB Hochvakuum Dresden, Dresden, Grunaer Weg 26, 1982.
6. K. Jousten, editor. *Wutz Handbuch Vakuumtechnik*. Friedr. Vieweg Sohn Verlag, Wiesbaden, 1975.
7. M. v. Ardenne. *Tabellen zur angewandten Physik, Bd. II, 3. Auflage*. VEB Deutscher Verlag der Wissenschaften, Berlin, 1975.
8. B. M. Jaworski, A. A. Detlaf. *Physik griffbereit*. Akademie-Verlag, Berlin, 1973.

Kapitel 4
Experimentelle Messmethoden

In diesem Kapitel sollen Anordnungen gezeigt werden, mit deren Hilfe es möglich ist, eine Anzahl von Größen und Zusammenhängen, die in den vorangegangenen Kapiteln beschrieben wurden, zu messen. Zu Beginn werden zwei Anordnungen beschrieben, mit denen die *Maxwell*sche Geschwindigkeitsverteilung experimentell überprüft werden kann. Es folgt eine Messanordnung zur Messung von gaskinetischer Kenngrößen. Den Abschluss bildet eine Versuchsanordnung zur Bestimmung der *van der Waals*-Koeffizienten.

4.1 Messung der Geschwindigkeitsverteilung

Im Folgenden werden zwei Anordnungen zur experimentellen Überprüfung der *Maxwell*schen Geschwindigkeitsverteilung beschrieben. **1:** In einen hochevakuierten Raum lässt man einen scharf begrenzten Molekular- oder Atomstrahl eintreten. Die mittlere freie Weglänge innerhalb des Strahles muss verglichen mit den Gefäßdimensionen groß sein. Die Geschwindigkeit des Strahls wird mit der in Abb. 4.1 schematisch dargestellten Messanordnung gemessen. Zwei Zahnräder sind im Abstand L auf eine gemeinsame Achse montiert. Der Strahl passiert mit der Geschwindigkeit v die Lücken 1 und 2. Versetzt man die Zahnräder in Rotation mit der Winkelgeschwindigkeit ω, so können die meisten Teilchen die Anordnung nicht mehr passieren, weil sich während der Flugzeit längs der Strecke L beim Zahnrad 2 ein Zahn in die Lücke geschoben hat. Die Flugzeit für diese Strecke L beträgt $\Delta t_{\mathrm{flug}} = L/v$. Erhöht man die Winkelgeschwindigkeit weiter, so treffen die Teilchen bei geeigneter Drehfrequenz beim zweiten Zahnrad auf die folgende Lücke, die um den Winkel α zur ersten versetzt ist. Es gilt $\Delta t_{\mathrm{flug}} = L/v = N\alpha/\omega$. Die Größe N ist eine ganze Zahl und im geschilderten Fall, dass der Teilchenstrahl die nächste Lücke passiert, gilt $N = 1$. Bei weiterer Erhöhung der Drehzahl passiert der Teilchenstrahl die übernächste Zahnlücke ($N = 2$). Die Geschwindigkeit des Strahls beträgt

$$v = \frac{L\omega}{N\alpha}.$$

D. Richter, *Mechanik der Gase*, Springer-Lehrbuch,
DOI 10.1007/978-3-642-12723-6_4, © Springer-Verlag Berlin Heidelberg 2010

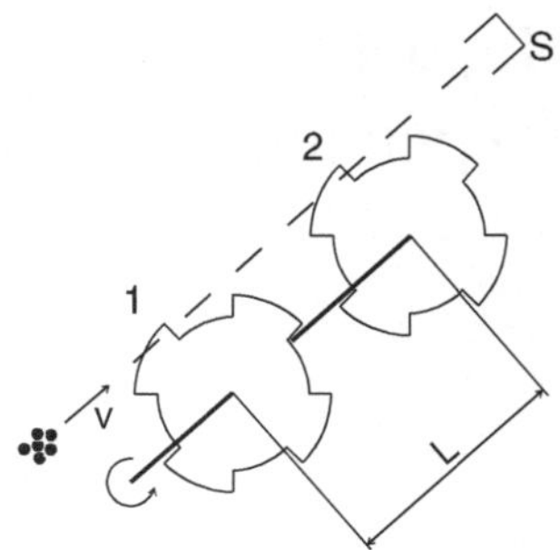

Abb. 4.1 Messung der
Maxwellschen
Geschwindigkeitsverteilung

Mit einem geeigneten Sensor S wird die Intensität des Teilchenstrahls gemessen. Dabei kann die Geschwindigkeitsverteilung bei gegebener Temperatur mittels Messung der Drehzahl und Auszählen der Durchgänge des Strahles durch die Lücken ermittelt werden ([1], S. 227).

2: Die zweite Anordnung ist die Messung der Teilchengeschwindigkeit nach *Stern* ([2], S. 224, [3], S. 33). Abb. 4.2 enthält eine schematische Darstellung der Versuchsanordnung. In der Abbildung ist D ein Silberdraht, der senkrecht auf der Zeichenebene steht. Dieser Draht ist von zwei Kupferzylindern umgeben, von denen der innere einen schmalen Spalt S parallel zum Silberdraht hat. Erwärmt man nun den Draht durch elektrischen Strom auf die Temperatur T, so verlassen Silberatome mit der dieser Temperatur entsprechenden Geschwindigkeitsverteilung seine Oberfläche. Die ganze Anordnung befindet sich in einem hinreichend evakuiertem Raum, so dass der Einfluss der Restgaspartikel auf die Flugbahn der Silberatome vernachlässigt werden kann. Befinden sich die beiden Zylinder in Ruhe, so passieren die Silberatome den Spalt und schlagen sich auf dem äußeren Zylinder an der Stelle (1) in Form einer scharf begrenzten schmalen Linie nieder. Lässt man aber die beiden fest miteinander verbundenen Kupferzylinder rotieren, so erfolgt der Niederschlag auf dem äußeren Zylinder an der Stelle (2) in Form eines verwaschenen unscharfen Streifens. Der Niederschlag ist unscharf, weil die Silberatome keine einheitliche Geschwindigkeit haben, sondern der *Maxwell*schen Geschwindigkeitsverteilung unterliegen. Unter Verwendung der wahrscheinlichsten Geschwindigkeit v_m, [Gl. (1.24)], und der Bahngeschwindigkeit der Innenseite des äußeren Zylinders v_{Zyl} folgt unmittelbar aus dem Weg-Zeit-Gesetz der geradlinig gleichförmigen Bewegung:

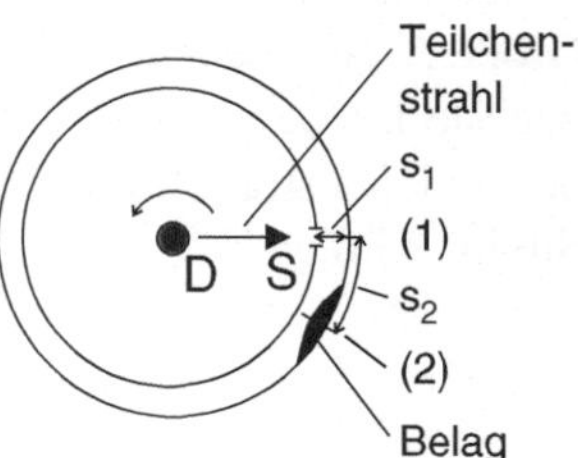

Abb. 4.2 Messung der
Geschwindigkeit von Atomen
nach *Stern*

$$\frac{s_1}{v_m} = \frac{s_2}{v_{Zyl}} \qquad \text{bzw.} \qquad v_m = \frac{s_1}{s_2}\, v_{Zyl}.$$

Es wird die Abhängigkeit der wahrscheinlichsten Geschwindigkeit von der Temperatur gemessen.

4.2 Bestimmung gaskinetischer Kenngrößen

Bei diesem Messaufbau fließt ein Gasstrom durch eine Kapillare. Messgrößen sind der Druck am Kapillareneingang, die Druckdifferenz, der Gasstrom und die Temperatur des Gases. Die Kapillare ist thermostatiert und es lassen sich verschiedene Temperaturen einstellen. Bekannt sind weiterhin ihre Länge und ihr Durchmesser.

Bestimmt werden sollen: die Durchschnittsgeschwindigkeit der Gaspartikel, der Koeffizient der inneren Reibung, die Teilchendichte, die Massendichte beim mittleren Druck, der Moleküldurchmesser, die flächenspezifischen Wandstoßrate, die Anzahl der Stöße eines Teilchens pro Zeit, die Anzahl der Zusammenstöße zweier Teilchen pro Volumen und Zeit und die Sutherlandkonstante bzw. der Molekülradius bei hohen Temperaturen. In Abb. 4.3 wird die Messanordnung schematisch dargestellt. Unser Anliegen ist es nicht, Methoden zur Temperatur-, Druck- und Strömungsmessung näher zu beschreiben. Es wird lediglich ein Vorschlag zur Druckdifferenzmessung gemacht, weil es mit dieser simplen Anordnung leicht möglich ist, den interessierenden Druckabfall zwischen Gaseintritts- und Austrittsöffnung zu bestimmen. Nicht extra eingezeichnet sind die Gasvorratsflasche und die notwendige Armatur, um einen konstanten Gasstrom geeigneter Stärke zu erzeugen. Für das Experiment im engeren Sinne fließt das Gas durch eine thermostatierte Kapillare bekannten Durchmessers und bekannter Temperatur. Der Druckabfall längs der Kapillare wird mit einem U-Rohrmanometer gemessen. Bei bekannter Dichte ρ der Flüssigkeit im Manometer kann aus der Höhendifferenz Δh direkt auf die Druckdifferenz Δp geschlossen werden ($\Delta p = \rho\, g\, \Delta h$). Um eine Vorstellung von

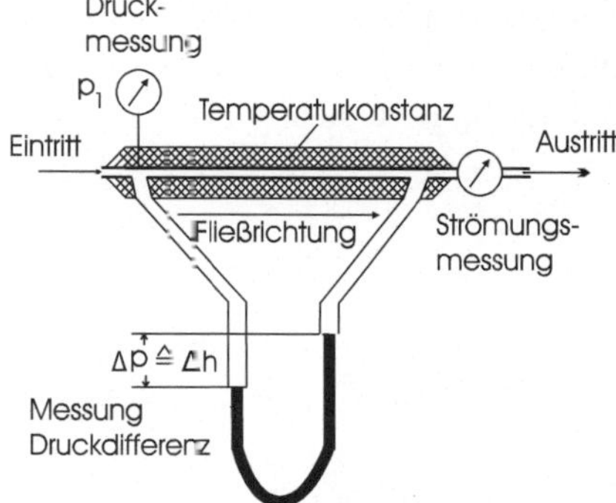

Abb. 4.3 Schematische Darstellung der Messanordnung zur Bestimmung gaskinetischer Kenngrößen

der Größenordnung der gesuchten Kenngrößen zu bekommen, wird die Erläuterung anhand eines konkreten Zahlenbeispiels durchgeführt:
Die Kapillare hat einen Radius von $r = 10^{-4}$ m und eine Länge von $l = 1$ m. Es fließt ein konstanter Stickstoffgasstrom dV/dt bei einer Temperatur von 15 °C. Der Druckabfall längs der Kapillare beträgt $\Delta p = 1 \times 10^5$ Pa, wobei der Eintrittsdruck einen Wert von $p_1 = 2,1 \times 10^5$ Pa hat. Das durchströmende Gasvolumen pro Sekunde wird zu $2,23 \times 10^{-7}$ m^{3}s^{-1} gemessen.

Mittlere Geschwindigkeit. Die mittlere Geschwindigkeit oder Durchschnittsgeschwindigkeit wird bei nachfolgenden Überlegungen benötigt und deshalb als erstes berechnet. Wir benutzen [Gl. (1.31)]. Dabei wird die Temperatur in Kelvin eingesetzt: $T = 273$ K $+ 15$ K $= 288$ K. Die Masse eines Stickstoffmoleküls beträgt das 28fache der atomaren Masseneinheit:

$$v_d = \sqrt{\frac{8\,kT}{\pi m}} = \sqrt{\frac{8 \times 1,38 \times 10^{-23}\,\text{J/K} \times 288\,\text{K}}{\pi \times 28 \times 1,66 \times 10^{-27}\,\text{kg}}} = 466,63\,\text{ms}^{-1}.$$

Um mit den Maßeinheiten richtig zu rechnen, vergegenwärtigen wir uns, das 1 J die Abkürzung für 1 Nm $= 1$ kg m^{2}s^{-2} ist.

Koeffizient der inneren Reibung. Wir erhalten ihn aus der Gasstrommessung mittels des Hagen-Poiseuilleschen Gesetzes [Gl. (3.32)]:

$$\frac{dV}{dt} = \frac{\pi r^4}{8\eta l}\,(p_2 - p_1).$$

Für die Druckdifferenz $p_1 - p_2$ können wir direkt unseren Messwert Δp verwenden. Die Gleichung wird nach η umgestellt:

$$\eta = \frac{\pi r^4 \Delta p}{8 \frac{dV}{dt} l} = \frac{\pi\,(10^{-4}\,\text{m})^4 \times 1 \times 10^5\,\text{kg m s}^{-2}\,\text{m}^{-2}}{8 \times 2,23 \times 10^{-7}\,\text{m}^3\text{s}^{-1} \times 1\,\text{m}} = 1,76 \times 10^{-5}\,\frac{\text{kg}}{\text{m s}}.$$

Teilchendichte und Massendichte beim mittleren Druck. Zur Berechnung der Teilchendichte wird dem Gasvolumen bei linearem Druckabfall längs der Kapillare der mittlere Druck $p_m = \frac{p_2 + p_1}{2} = 1,6 \times 10^5$ Pa zugeordnet. Die benötigte Formel für die Teilchendichte wird aus der Zustandsgleichung für ideale Gase $pV = nkT$ [Gl. (2.4)] gewonnen:

$$p_m = n_V kT$$

d. h.

$$n_V = \frac{p_m}{kT} = \frac{1,6 \times 10^5\,\text{kg m s}^{-2}\text{m}^{-2}}{1,38 \times 10^{-23}\,\text{kg m}^2\text{s}^{-2}\text{K}^{-1} \times 288\,\text{K}} = 4,03 \times 10^{25}\,\text{m}^{-3}.$$

Die Massendichte erhalten wir, indem wir die Teilchendichte mit der Masse der Teilchen multiplizieren:

$$\rho = n_V\, m = 4{,}03 \times 10^{25}\,\mathrm{m}^{-3}\; 28\; 1{,}66 \times 10^{-27}\,\mathrm{kg} = 1{,}873\,\mathrm{kg\,m}^{-3}.$$

Mittlere freier Weglänge. Den Zusammenhang zwischen mittlerer freier Weglänge und dem Koeffizienten der inneren Reibung entnehmen wir [Gl. (3.40)]:

$$\eta = \frac{1}{3}\,\rho\,\lambda\,v_d.$$

Auflösen nach λ und Einsetzen der Werte ergibt für die mittlere freie Weglänge:

$$\lambda = \frac{3\eta}{\rho\,v_d} = \frac{3 \times 1{,}76 \times 10^{-6}\,\mathrm{kg\,m}^{-1}\mathrm{s}^{-1}}{1{,}873\,\mathrm{kg\;m}^{-3} \times 466{,}63\,\mathrm{ms}^{-1}} = 6{,}04 \times 10^{-8}\,\mathrm{m}.$$

Das ist die mittlere freie Weglänge des Gases unter den Bedingungen, zu denen die Dichte und die Durchschnittsgeschwindigkeit berechnet wurden.

Moleküldurchmesser. Bei der Bestimmung des Moleküldurchmessers wird ein Wasserstoffmolekül als harte Kugel mit dem Durchmesser D angenommen. Da wir die Teilchendichte und die mittlere freie Weglänge kennen, benutzen wir die [Gl. (3.21)]:

$$\lambda = \frac{kT}{\sqrt{2}\pi\,(r_1 + r_2)^2\,p}.$$

Dabei sind die beiden Radien gleich, da es sich um ein einheitliches Gas handelt. Die Summe der Radien ergibt den Teilchendurchmesser D. Wir erhalten

$$\lambda = \frac{kT}{\sqrt{2}\pi\,D^2\,p}.$$

bzw.

$$D = \sqrt{\frac{kT}{\sqrt{2}\pi\,\lambda\,p}},$$

und im konkreten Fall

$$D = \sqrt{\frac{1{,}38 \times 10^{-23}\,\mathrm{J/K} \times 288\,\mathrm{K}}{\sqrt{2}\pi \times 1{,}28 \times 10^{-7}\,\mathrm{m} \times 1{,}6 \times 10^{5}\,\mathrm{Pa}}}$$

$$= 3{,}04 \times 10^{-10}\,\sqrt{\frac{\mathrm{J/K} \times \mathrm{K}}{\mathrm{m\,Pa}}}$$

$$= 3{,}04 \times 10^{-10}\,\sqrt{\frac{\mathrm{kg\,m\,s}^{-2}\,\mathrm{m}}{\mathrm{m\,kg\,m\,s}^{-2}\,\mathrm{m}^{-2}}} = 3{,}04 \times 10^{-10}\,\mathrm{m}.$$

Eine weitere Möglichkeit zur Berechnung besteht darin, dass wir direkt die weiter oben abgeleitete [Gl. (3.72)] benutzen:

$$
\begin{aligned}
D &= \sqrt{\frac{2}{3}} \, \frac{1}{\pi^{3/4}} \, \eta^{-1/2} \, m^{1/4} \, (k\,T)^{1/4} \\
&= \sqrt{\frac{2}{3}} \, \frac{1}{\pi^{3/4}} \left(1{,}76 \times 10^{-5} \frac{\mathrm{kg}}{\mathrm{m\,s}} \right)^{-1/2} \times (28 \times 1{,}66 \times 10^{-27}\,\mathrm{kg})^{1/4} \\
&\quad \times (1{,}38 \times 10^{-23}\,\mathrm{J/K} \times 288\,\mathrm{K})^{1/4} = 3{,}04 \times 10^{-10}\,\mathrm{m}.
\end{aligned}
$$

Die Ergebnisse müssen natürlich übereinstimmen, was auch zutrifft.

Flächenspezifische Wandstoßrate. Jetzt wird die Frage beantwortet, wie viele Teilchen pro Zeit auf die Wandfläche der Kapillare stoßen. Dabei haben wir das Problem, dass an der Eintrittsöffnung der Gasdruck höher als an der Austrittsöffnung ist. Er fällt längs der Kapillare linear ab. Zur Berechnung des Druckgradienten ordnen wir der Eintrittsöffnung die Länge $x_2 = 0\,\mathrm{m}$ und der Austrittsöffnung den Wert $x_1 = 1\,\mathrm{m}$ zu. Die zugehörigen Drücke sind $p_0 = 2{,}1 \times 10^5\,\mathrm{Pa}$ für die Eingangsöffnung und $p_1 = 1{,}1 \times 10^5\,\mathrm{Pa}$ für die Austrittsöffnung. Der Druckabfall längs der Kapillare ergibt sich aus der Zwei-Punkte-Gleichung unmittelbar zu

$$
p(x) = a\,x + b \quad \text{mit} \quad a = \frac{p_1 - p_2}{x_1 - x_2} \quad \text{und} \quad b = p_1 - a\,x_1.
$$

Der Druckverlauf ist in Abb. 4.4 (Grafik a) dargestellt. Aus der Zustandsgleichung des idealen Gases erhalten wir die Teilchendichte entlang der Kapillare:

$$
n_V(x) = \frac{p(x)}{kT}.
$$

Sie ist in Abb. 4.4 (Grafik b) enthalten. Zur Berechnung der flächenspezifischen Wandstoßrate benutzen wir [Gl. (3.5)]

$$
v_W(x) = n_V \sqrt{\frac{kT}{2\pi m}}.
$$

Es muss nur noch der Term für die Teilchendichte eingesetzt werden:

$$
v_W(x) = \frac{p(x)}{kT} \sqrt{\frac{kT}{2\pi m}}.
$$

Die zugehörige Grafik ist Darstellung (c) der genannten Abbildung.

Anzahl der Stöße eines Teilchens pro Zeit. Um die Stoßfrequenz von Gasen untereinander innerhalb eines Gasraums (also nicht die Stoßfrequenz von Partikeln auf die Gefäßwand) zu berechnen, benutzen wir [Gl. (3.9)]:

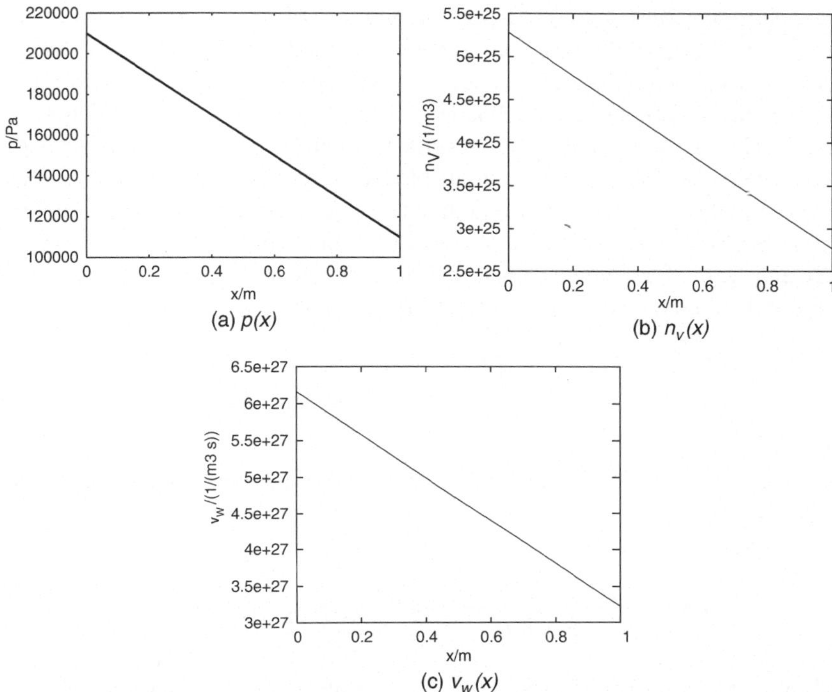

Abb. 4.4 Druck, Teilchendichte und flächenspezifische Wandstoßrate entlang der Kapillare

$$\nu_V = \sqrt{2}n_V\pi\,(r_1+r_2)^2 v_d \quad \text{mit} \quad r_1+r_2 = D.$$

Wir erhalten direkt:

$$\nu_V = \sqrt{2}\times 4{,}03\times 10^{25}\,\mathrm{m}^{-3}\times\pi\,(3{,}04\times 10^{-10}\,\mathrm{m})^2\times 466{,}63\,\mathrm{ms}^{-1}$$
$$= 7{,}72\times 10^{10}\,\mathrm{s}^{-1}.$$

Anzahl der Zusammenstöße eines Teilchens pro Volumen und Zeit. Um die Anzahl der Stöße von Gasteilchen untereinander in einem bestimmten Volumen zu errechnen, gehen wir von der Anzahl der Stöße pro Zeiteinheit ν_V aus. Weiterhin müssen wir jedoch beachten, dass bei einem Stoßprozess jeweils *zwei* Teile aneinandersto-ßen. Deshalb muss ν_V halbiert werden. Zusätzlich benötigen wir den Bezug zum Volumen, den wir durch Multiplikation mit der Teilchendichte n_V, der Anzahl der Stoßpartner pro Volumen, erhalten:

$$n_V\,\frac{\nu_V}{2} = 4{,}03\times 10^{25}\,\mathrm{m}^{-3}\,\frac{7{,}72\times 10^9\,\mathrm{s}^{-1}}{2} = 1{,}56\times 10^{35}\,\mathrm{m}^{-3}\mathrm{s}^{-1}.$$

Bestimmung der Verdopplungstemperatur und des Molekülradius bei sehr hoher Temperatur. Zu deren Bestimmung gibt es verschiedene Möglichkeiten. Sie sind in unterschiedlichem Maße gut geeignet. Ausführlicher beschrieben wird nur die Methode, die zu akzeptablen Ergebnissen führt, wobei die zugehörigen Fehlerrechnungen nicht im Einzelnen dargestellt werden. Allen Versuchen ist gemeinsam, dass Gas bei unterschiedlichen Temperaturen durch eine Kapillare strömt und, wie weiter oben beschrieben, die Viskosität und daraus resultierend der zugehörige Teilchendurchmesser bzw. -radius für jede Messung bestimmt werden.
Zu Beginn sei die Bestimmung aus zwei Einzelmessungen genannt. Wir nutzen [Gl. (3.26)] und setzen die erhaltenen Wertepaare (T_1, r_1) und (T_2, r_2) ein:

$$r_1 = r_\infty \sqrt{1 + \frac{T_V}{T_1}} \quad \text{und} \quad r_2 = r_\infty \sqrt{1 + \frac{T_V}{T_2}}.$$

Jetzt haben wir zwei Gleichungen mit zwei Unbekannten und erhalten nach einfacher Rechnung:

$$T_V = \frac{-T_1 T_2 (r_2^2 - r_1^2)}{T_2 r_2^2 - T_1 r_1^2} \quad \text{und} \quad r_\infty = \sqrt{\frac{T_2 r_2 - T_1 r_1^2}{T_2 - T_1}}.$$

Wird diese Methode bei Messpunkten mit sich nur geringfügig unterscheidenden Temperaturen benutzt, kann es aufgrund der Messfehler bei der Viskositäts- bzw. Teilchenradiusbestimmung zu unsinnigen Resultaten kommen. Falls diese Vorgehensweise überhaupt zweckmäßig sein sollte, müssten sich die Temperaturen um einige Hundert Kelvin unterscheiden.

Bedeutend sicherer sind die Resultate, wenn eine größere Anzahl von Messpunkten in einem weiten Temperaturbereich erfasst wird. In Tabelle 4.1 im Anhang sind Zahlenpaare aufgelistet, die in der Abb. 4.5, Grafik a, dargestellt werden. Die eingezeichnete Funktion ist der Graph der nachfolgend beschriebenen Regressionsanalyse. Es bieten sich zwei Methoden zur Auswertung an:

- Durchführung einer Regressionsrechnung unter Verwendung der [Gl. (3.26)]. Sie führt zu den Ergebnissen $r_\infty = 1{,}62 \times 10^{-10}$ m bei einem relativen Fehler von etwa 2 % und $T_V = 87$ K mit etwa 16 % Fehler.[1] Ein Vergleich mit Tabelle 3.1 ($r_\infty = 1{,}60 \times 10^{-10}$ m, $T_V = 112$ K) zeigt für r_∞ eine gute Übereinstimmung. Bei den Tabellenwerten sind keine Fehler angegeben. Unter der Annahme, dass der relative Fehler für die Verdopplungstemperatur 10 % oder mehr beträgt, stimmen auch die T_V-Werte unter Berücksichtigung der Messgenauigkeit überein.
- Auswertung der Funktion $r^2 = f\!\left(\frac{1}{T}\right)$. Das Quadrat des Radius wird über dem Kehrwert der Temperatur aufgetragen und eine Regressionsrechnung mit einer linearen Funktion ($y = m\,x + b$ mit $b = 2{,}559 \times 10^{-20}$ m^2 und $m = 287{,}16$ m^2 K^2)

---

[1] Rechnung mit Gnuplot von Thomas Williams und Colin Kelley.

Tabelle 4.1 Werte zur Bestimmung der Verdopplungstemperatur

T/K	$r/(10^{-10}\,\mathrm{m}))$	T/K	$r/(10^{-10}\,\mathrm{m}))$
293,1	1,87	403,1	1,82
297,9	1,89	407,9	1,84
302,9	1,86	412,9	1,75
308,0	1,81	417,8	1,74
312,9	1,8	423,1	1,79
318,1	1,81	428,0	1,8
323,1	1,8	433,1	1,79
327,9	1,83	437,9	1,77
333,1	1,86	442,9	1,76
337,9	1,78	448,1	1,78
342,9	1,82	453,0	1,74
348,0	1,87	457,8	1,73
353,1	1,87	463,2	1,81
357,9	1,76	468,1	1,82
362,9	1,79	472,9	1,78
368,1	1,82	477,9	1,77
372,9	1,78	483,0	1,76
378,0	1,79	487,9	1,75
383,1	1,8	492,8	1,77
387,9	1,82	498,1	1,77
393,0	1,76	503,1	1,76
398,1	1,76	508,2	1,75

durchgeführt (Abb. 4.5, Grafik b; die $1/T$-Werte sind um den Faktor 1000 vergrößert eingezeichnet, um eine übersichtlichere Darstellung zu erhalten.). Das Quadrat des Radius bei einer sehr hohen (unendlichen) Temperatur ist der Achsenabschnitt b der Regressionsgeraden auf der r^2-Achse. Wir erhalten einen Wert von $r_\infty=\sqrt{2{,}559\times10^{-20}\,\mathrm{m}^2}=1{,}60\times10^{-10}\,\mathrm{m}$. Der relative Fehler beträgt etwa $0{,}08\,\%$.

Zur Ermittlung der Verdopplungstemperatur benötigen wir ein (r, T)-Wertepaar. Wir wählen willkürlich eine Temperatur von $250\,\mathrm{K}$ und berechnen

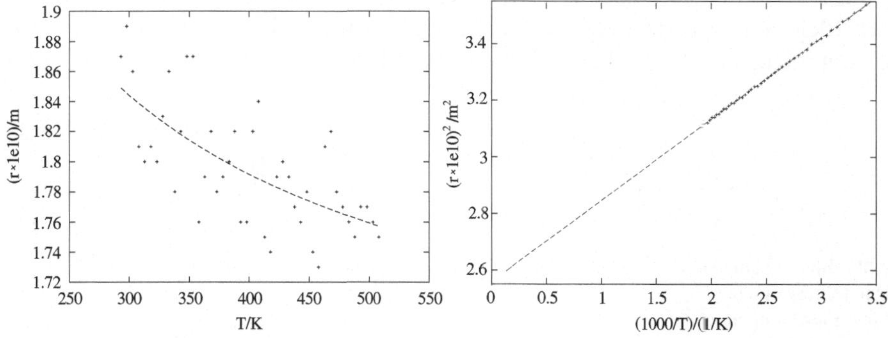

Abb. 4.5 Bestimmung der Verdopplungstemperatur

mit Hilfe der Regressionsgeraden den zugehörigen Radius von $r = (1{,}838 \pm 0{.}001) \times 10^{-10}$ m. Im nächsten Schritt lösen wir [Gl. (3.26)] nach T_V auf und berechnen die Verdopplungstemperatur:

$$T_V = T\,\frac{r^2 - r_\infty^2}{r_\infty^2}$$

$$= 250\,\text{K}\,\frac{(1{,}838 \times 10^{-10}\,\text{m})^2 - (1{,}60 \times 10^{-10}\,\text{m})^2}{(1{,}60 \times 10^{-10}\,\text{m})^2} = 112{,}2\,\text{K}.$$

Der relative Fehler beträgt 1,3 %. Das Ergebnis stimmt gut mit den Angaben in Tabelle 3.1 überein.

Am genauesten messen lässt sich die Verdopplungstemperatur in Verbindung mit dem Molekülradius bei sehr hohen Temperaturen durch Verwendung einer größeren Anzahl von (r, T)-Wertepaaren über einen möglichst großen Temperaturbereich in Verbindung mit der Auswertungsmethode auf der Basis der Funktion $r^2 = f(1/T)$.

4.3 Messung der van-der-Waals-Koeffizienten

Den Kohäsionsdruck und das Kovolumen als Parameter der *van-der-Waals*schen Zustandsgleichung kann man auf experimentellem Weg erhalten, indem Volumen-Druck-Wertepaare eines Gases gemessen werden. Abbildung 4.6 zeigt schematisch eine Messanordnung. In einem thermostatierten Raum, d. h. bei bekannter Temperatur, werden das Volumen und der Druck eines Gases gemessen. Die Volumen-, resp. Druckänderung kann beispielsweise durch die Bewegung eines Kolbens, wie in der Zeichnung angedeutet, oder stattdessen durch die Veränderung des Pegels einer geeigneten Flüssigkeit, z. B. Quecksilber, realisiert werden. Die Anzahl der Gasteilchen kann man auf zwei verschiedenen Wegen ermitteln. Beim Ersten machen wir uns zunutze, dass sich ein Gas bei Temperaturen weitab von der kritischen Temperatur gut mit der Zustandsgleichung des idealen Gases beschreiben lässt. Es werden unter diesen Bedingungen Druck, Volumen und Temperatur des Prüfgases gemessen und mit der nach n aufgelösten [Gl. (2.9)] die Teilchenanzahl berechnet. Eleganter ist es jedoch, die Teilchenzahl ebenfalls durch Regressionsanalyse zu ermitteln. In Tabelle 4.2 sind simulierte Messwerte von Schwefelhexafluorid

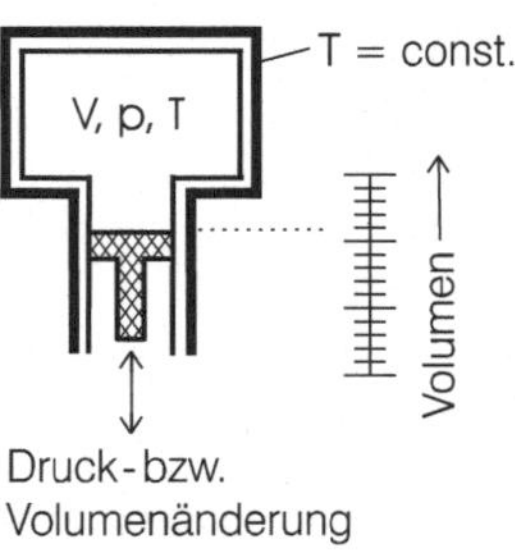

Abb. 4.6 Schematische Darstellung einer Messanordnung zur Bestimmung der *van-der-Waals*-Koeffizienten

Tabelle 4.2 Werte zur Bestimmung der van-der-Waals-Koeffizienten

V/m^3	p/Pa	V/m^3	p/Pa
$1{,}5 \times 10^{-5}$	$1{,}03 \times 10^{7}$	$4{,}1 \times 10^{-5}$	$4{,}08 \times 10^{6}$
$1{,}6 \times 10^{-5}$	$8{,}41 \times 10^{6}$	$4{,}2 \times 10^{-5}$	$4{,}03 \times 10^{6}$
$1{,}7 \times 10^{-5}$	$7{,}03 \times 10^{6}$	$4{,}3 \times 10^{-5}$	$3{,}92 \times 10^{6}$
$1{,}8 \times 10^{-5}$	$6{,}33 \times 10^{6}$	$4{,}4 \times 10^{-5}$	$3{,}94 \times 10^{6}$
$1{,}9 \times 10^{-5}$	$5{,}84 \times 10^{6}$	$4{,}5 \times 10^{-5}$	$3{,}89 \times 10^{6}$
$2{,}0 \times 10^{-5}$	$5{,}41 \times 10^{6}$	$4{,}6 \times 10^{-5}$	$3{,}86 \times 10^{6}$
$2{,}1 \times 10^{-5}$	$5{,}25 \times 10^{6}$	$4{,}7 \times 10^{-5}$	$3{,}77 \times 10^{6}$
$2{,}2 \times 10^{-5}$	$5{,}01 \times 10^{6}$	$4{,}8 \times 10^{-5}$	$3{,}71 \times 10^{6}$
$2{,}3 \times 10^{-5}$	$4{,}96 \times 10^{6}$	$4{,}9 \times 10^{-5}$	$3{,}75 \times 10^{6}$
$2{,}4 \times 10^{-5}$	$4{,}80 \times 10^{6}$	$5{,}0 \times 10^{-5}$	$3{,}63 \times 10^{6}$
$2{,}5 \times 10^{-5}$	$4{,}72 \times 10^{6}$	$5{,}1 \times 10^{-5}$	$3{,}66 \times 10^{6}$
$2{,}6 \times 10^{-5}$	$4{,}67 \times 10^{6}$	$5{,}2 \times 10^{-5}$	$3{,}63 \times 10^{6}$
$2{,}7 \times 10^{-5}$	$4{,}70 \times 10^{6}$	$5{,}3 \times 10^{-5}$	$3{,}53 \times 10^{6}$
$2{,}8 \times 10^{-5}$	$4{,}66 \times 10^{6}$	$5{,}4 \times 10^{-5}$	$3{,}50 \times 10^{6}$
$2{,}9 \times 10^{-5}$	$4{,}53 \times 10^{6}$	$5{,}5 \times 10^{-5}$	$3{,}51 \times 10^{6}$
$3{,}0 \times 10^{-5}$	$4{,}50 \times 10^{6}$	$5{,}6 \times 10^{-5}$	$3{,}42 \times 10^{6}$
$3{,}1 \times 10^{-5}$	$4{,}44 \times 10^{6}$	$5{,}7 \times 10^{-5}$	$3{,}37 \times 10^{6}$
$3{,}2 \times 10^{-5}$	$4{,}46 \times 10^{6}$	$5{,}8 \times 10^{-5}$	$3{,}39 \times 10^{6}$
$3{,}3 \times 10^{-5}$	$4{,}37 \times 10^{6}$	$5{,}9 \times 10^{-5}$	$3{,}32 \times 10^{6}$
$3{,}4 \times 10^{-5}$	$4{,}39 \times 10^{6}$	$6{,}0 \times 10^{-5}$	$3{,}33 \times 10^{6}$
$3{,}5 \times 10^{-5}$	$4{,}33 \times 10^{6}$	$6{,}1 \times 10^{-5}$	$3{,}24 \times 10^{6}$
$3{,}6 \times 10^{-5}$	$4{,}25 \times 10^{6}$	$6{,}2 \times 10^{-5}$	$3{,}25 \times 10^{6}$
$3{,}7 \times 10^{-5}$	$4{,}19 \times 10^{6}$	$6{,}3 \times 10^{-5}$	$3{,}17 \times 10^{6}$
$3{,}8 \times 10^{-5}$	$4{,}20 \times 10^{6}$	$6{,}4 \times 10^{-5}$	$3{,}15 \times 10^{6}$
$3{,}9 \times 10^{-5}$	$4{,}10 \times 10^{6}$	$6{,}5 \times 10^{-5}$	$3{,}11 \times 10^{6}$
$4{,}0 \times 10^{-5}$	$4{,}12 \times 10^{6}$		

(SF_6) für eine Temperatur von 338.6 K, d.h. 20 K über der kritischen Temperatur, zusammengestellt. Aus einer Regressionsrechnung unter Verwendung der nach dem Druck aufgelösten *van der Waals*schen Zustandsgleichung

$$p = \frac{-aV + ab + nkTV^2}{V^2(V-b)}$$

erhalten wir $a = (0{,}00790 \pm 5{,}4 \times 10^{-5})\,\mathrm{m}^6\,\mathrm{Pa}$, $b = (8{,}83 \times 10^{-6} \pm 2{,}4 \times 10^{-8})\,\mathrm{m}^3$ und $n = 6{,}022 \times 10^{22} \pm 2{,}03 \times 10^{20}$. Durch Kenntnis der Anzahl der Gaspartikel lässt sich unter Verwendung der *Avogadro*schen Konstante die Anzahl der Mole im Gasgefäß ermitteln: $\nu = n/N_A = 6.022 \times 10^{22}/6.022045 \times 10^{23}\,\mathrm{mol}^{-1} = 0{,}10\,\mathrm{mol}$. Um die molaren Koeffizienten zu erhalten, sind gemäß der [Gln. (2.22) und (2.23)] noch folgende Divisionen durchzuführen:

$$a_m = \frac{a}{\nu^2} = 0{,}790\,\mathrm{m}^6\,\mathrm{Pa}\,\mathrm{mol}^{-2} \quad \text{und} \quad b_m = \frac{b}{\nu} = 8{,}83 \times 10^{-5}\,\mathrm{m}^3\,\mathrm{mol}^{-1}.$$

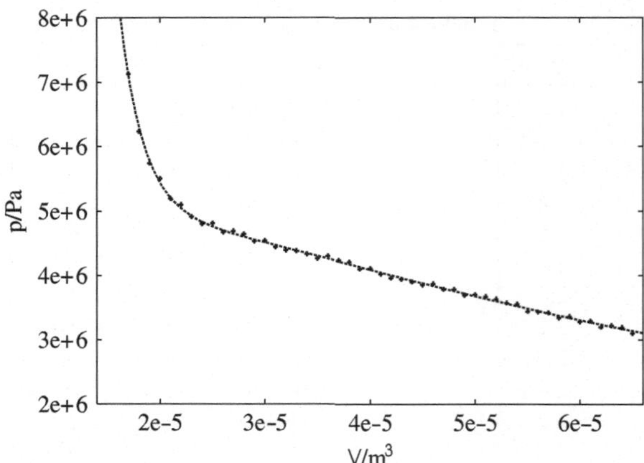

Abb. 4.7 Messwerte und Kurve aus der Regressionsrechnung zur Ermittlung der *van-der-Waals*-Koeffizienten

Die Abb. 4.7 zeigt die simulierten Messwerte mit der errechneten Funktion $p = p(V)$.

Literaturverzeichnis

1. H. Vogel. *Gerthsen Physik*. Springer-Verlag, Berlin; Heidelberg, 1997.
2. W. H. Westphal. *Physik*. Springer-Verlag, Berlin; Göttingen; Heidelberg, 1950.
3. A. Preu. Abiturstoff Physik, http://lan.loehe-schule.de/wls/fach/abiturstoff-lk-physik.pdf, 2005.

Kapitel 5
Formelzusammenstellung und mathematische Hilfsmittel

In den vorangegangenen Kapiteln wurde versucht, die Bewegung von Gasteilchen in einer geschlossenen Darstellung möglichst einfach und übersichtlich vorzustellen. Diese soll ergänzt werden durch eine Zusammenstellung der verwendeten physikalischen Größen, eine Formelsammlung sowie eine Hilfe zur Berechnung einiger Integrale.

5.1 Verwendete Konstanten

	Größe	Wert
k	*Boltzmann*sche Konstante	1.380658×10^{-23} J/K
m_0	Atomare Masseneinheit	1.66057×10^{-27} kg
R	Allgemeine Gaskonstante	$8.314\,\mathrm{JK}^{-1}$
N_A	*Avogadro*sche Konstante	$6,022045 \times 10^{23}$ Teilchen/mol

5.2 Formelbuchstaben

Es werde nur diejenigen Symbole aufgelistet, die eine Bedeutung im gesamten Text haben. Variablen, die nur eine lokale Bedeutung haben, werden lediglich an den jeweiligen Stellen erklärt.

Bezeichnung	Größe	Einheit
A	Fläche	m^2
a	Kohäsionsdruck	
b	Kovolumen	m^3
d	Teilchendurchmesser	m
$dn, \Delta n$	Teilchenanzahl in einem Geschwindigkeits- oder Energieintervall	
F	Kraft	N
E	kinetische Energie	J, Nm
E_d	mittlere kinetische Energie	J, Nm

(continued)

D. Richter, *Mechanik der Gase*, Springer-Lehrbuch,
DOI 10.1007/978-3-642-12723-6_5, © Springer-Verlag Berlin Heidelberg 2010

(continued)

Bezeichnung	Größe	Einheit
E_m	maximale, wahrscheinlichste kinetische Energie	J, Nm
D	Diffusionskonstante, Teilchendurchmesser	
K	Wärmeleitfähigkeit	
L	Leitwert	$\mathrm{m^3 s^{-1}}$
M	Masse einer Gasmenge	kg
m	Atommasse, Molekülmasse	kg
n	Teilchenanzahl	
n_V	Teilchendichte	$\mathrm{m^{-1}}$
p	Druck	Pa
p_k	kritischer Druck	
Q	Gasmenge	$\mathrm{Pa\,m^3}$
$\dot{Q}$	Gasstrom	$\mathrm{Pa\,m^3 s^{-1}}$
r	Teilchenradius	m
T	Temperatur	K
T_k	kritische Temperatur	K
V_m	molares Volumen	$\mathrm{m^3/mol}$
V_k	kritisches Volumen	
v_m	maximale, wahrscheinlichste Geschwindigkeit	$\mathrm{m\,s^{-1}}$
v_d	mittlere Geschwindigkeit	$\mathrm{m\,s^{-1}}$
v	Geschwindigkeit	$\mathrm{am\,s^{-1}}$
η	Viskosität, Reibungskoeffizient	$\mathrm{Nsm^{-2}}$
γ	kubischer Ausdehnungskoeffizient	
λ	mittlere freie Weglänge	m
ν	Anzahl der Mole	
ν_W	flächenspezifische Wandstoßrate	$\mathrm{s^{-1}m^{-2}}$
ν_V	Stoßfrequenz	$\mathrm{s^{-1}}$
ρ	Dichte	$\mathrm{kg\,m^{-3}}$

5.3 Die wichtigsten Formeln

Es werden die wichtigsten Formeln in der Reihenfolge ihres Auftretens aufgelistet.

Formel	Größe
$\dfrac{n_V(x_1)}{n_V(x_0)} = e^{-\frac{E_{p_1}-E_{p_0}}{kT}}$	*Boltzmann*sche Verteilung [Gl. (1.4) auf Seite 2]
$f(v) = \left(\sqrt{\dfrac{m}{2\pi kT}}\right)^3 e^{-\frac{mv^2}{2kT}}$	Verteilungsdichte des Betrags des Geschwindigkeitsvektors [Gl. (1.12) auf Seite 7]
$dn = n\,\sqrt{\dfrac{2}{\pi}\left(\dfrac{m}{kT}\right)^3}\,v^2\,e^{\frac{-mv^2}{2kT}}\,dv$	*Maxwell*sches Gesetz der Geschwindigkeitsverteilung [Gl. (1.17) auf Seite 9]
$f(v) = \sqrt{\dfrac{2}{\pi}\left(\dfrac{m}{kT}\right)^3}\,v^2\,e^{\frac{-mv^2}{2kT}}$	Verteilungsdichte der *Maxwell*schen Geschwindigkeitsverteilung [Gl.(1.18) auf Seite 10]
$dn = n\,\dfrac{2\sqrt{E}}{\sqrt{\pi}}\,(kT)^{-3/2}e^{\frac{-E}{kT}}\,dE$	Energieverteilung [(1.19) auf Seite 11]

(continued)

(continued)

Formel	Größe
$\frac{\Delta n}{n} = 1 - \text{Fehlf}\left(\sqrt{\frac{E_{grenz}}{kT}}\right)$	Fläche des sog. *Maxwell*-Schwanzes [Gl. (1.20) auf Seite 12]
$E_m = \frac{kT}{2}$	wahrscheinlichste Energie eines Gasteilchens [Gl. (1.21) auf Seite 13]
$E_d = \frac{3}{2}kT$	mittlere Energie eines Gasteilchens [Gl. (1.22) auf Seite 14]
$v_m = \sqrt{\frac{2kT}{m}}$	wahrscheinlichste Geschwindigkeit eines Gaspartikels [Gl. (1.24) auf Seite 16]
$v_d = \sqrt{\frac{8kT}{\pi m}}$	mittlere Geschwindigkeit eines Gaspartikels [Gl. (1.31) auf Seite 19]
$p = \frac{1}{3} n_V m \overline{v^2}$	Grundgleichung der kinetischen Gastheorie [Gl. (2.2) auf Seite 25]
$pV = nkT, \quad pV = \nu RT$	Zustandsgleichung für ideale Gase [Gl. (2.4) auf Seite 26, (Gl. (2.9) auf Seite 27]
$pV = \text{const.} \quad \text{mit} \quad T = \text{const.}$	Gesetz von *Boyle-Mariotte* [Gl. (2.11) auf Seite 29]
$p = \frac{\nu R}{V} T \quad \text{mit} \quad V = \text{const.}$	Gesetz von Gay-Lussac [Gl. (2.12) auf Seite 29]
$V = \frac{\nu R}{p} T \quad \text{mit} \quad p = \text{const.}$	Gesetz von Charles [Gl. (2.13) auf Seite 29]
$\left(p + \frac{a}{V^2}\right)(V - b) = nkT$	*van der Waals*sche Zustandsgleichung für reale Gase [Gl. (2.22) auf Seite 34]
$\left(p + \frac{a_m}{V_m^2}\right)(V_m - b_m) = RT$	*van der Waals*sche Zustandsgleichung für reale Gase, molare Schreibweise [Gl. (2.23) auf Seite 35]
$\left(p_r + \frac{3}{V_r^2}\right)\left(V_r - \frac{1}{3}\right) = \frac{8}{3}T_r$	reduzierte *van der Waals*sche Zustandsgleichung für reale Gase [Gl. (2.33) auf Seite 40]
$T_B = \frac{a}{R-b}$	*Boyle*-Temperatur [Gl. (2.39) auf Seite 43]
$\overline{(\Delta x)^2} = \frac{kT\tau}{3\pi \eta r}$	Verschiebung für kugelförmige Teilchen bei Brownscher Molekularbewegung [Gl. (3.1) auf Seite 47]
$v_W = \frac{n_V v_d}{4}$	flächenspezifische Wandstoßrate [Gl. (3.5) auf Seite 49]
$\nu_V = n_V \pi (r_1 + r_2)^2 v_d$	Stoßfrequenz bei geringer Eigenbewegung [Gl. (3.8) auf Seite 50]
$\nu_V = \sqrt{2} n_V \pi (r_1 + r_2)^2 v_d$	Stoßfrequenz bei schneller Eigenbewegung [Gl. (3.9) auf Seite 50]
$\lambda = \frac{kT}{\pi (r_1 + r_2)^2 p}$	mittlere freie Weglänge bei geringer Eigenbewegung [Gl. (3.20) auf Seite 54]
$\lambda = \frac{kT}{\sqrt{2}\pi (r_1 + r_2)^2 p}$	mittlere freie Weglänge bei schneller Eigenbewegung [Gl. (3.21) auf Seite 54]
$r(T) = r_\infty \sqrt{1 + \frac{T_V}{T}}$	temperaturabhängige Moleküldimension [Gl. (3.26) auf Seite 57]
$F = \eta A \frac{dv}{dx}$	*Newton*sches Reibungsgesetz [Gl. (3.27) auf Seite 61]
$v = \frac{(p_1 - p_2)}{2\eta l}\left(d^2 - x^2\right)$	Geschwindigkeitsprofil zwischen zwei Platten [Gl. (3.30) auf Seite 63]
$v = \frac{p_1 - p_2}{4\eta l}(r^2 - x^2)$	Geschwindigkeitsprofil in einer Kapillare [Gl. (3.31) auf Seite 64]
$\dot{V} = \frac{\pi}{8\eta l}(p_1 - p_2) r^4$	*Hagen-Poiseuille*sches Gesetz [Gl. (3.32) auf Seite 65]
$L = \frac{1}{p_1 - p_2} \dot{Q}_{pV}$	Leitwert eines durchströmten Elementes [Gl. (3.38) auf Seite 68]

(continued)

Formel	Größe
$L = \frac{1}{4}\,v_d\,A$	Leitwert einer Lochblende bei idealen Gasen [Gl. (3.39) auf Seite 68]
$\dfrac{\dot{Q}_{n_1}}{\dot{Q}_{n_2}} = \sqrt{\dfrac{m_2}{m_1}}$	*Grahams*ches Gesetz [Gl. (3.37) auf Seite 68]
$K = \frac{1}{3}v_d\,\lambda\,\rho\,c_v$	Wärmeleitfähigkeit [Gl. (3.48) auf Seite 72]
$dE_W = -K\,\frac{d}{dx}T(x)\,dA\,dt$	*Fourier*-Gleichung der Wärmeenergieübertragung [Gl. (3.47) auf Seite 72]
$\eta = \frac{1}{3}v_d\,\lambda\,\rho$	Viskosität [Gl. (3.40) auf Seite 69]
$dM = -D\,\frac{d\rho}{dx}\,dA\,dt.$	Massetransport durch Diffusion (1. *Fick*sches Gesetz) [Gl. (3.53) auf Seite 73]
$D = \frac{1}{3}v_d\,\lambda$	Koeffizient der Selbstdiffusion [Gl. (3.54) auf Seite 74]
$\frac{\partial c}{\partial t} = D\,\Delta c$	Massetransport durch Diffusion (2. *Fick*sches Gesetz) [Gl. (3.59) auf Seite 76]
$p = p_0\,e^{-\frac{\rho_0}{p_0}gx}$	Barometrische Höhenformel [Gl. (3.64) auf Seite 80]
$d = \left(\frac{3\,b}{2\,N_A\,\pi}\right)^{1/3}$	Moleküldurchmesser (*van-der-Waals*sche-Gleichung) [Gl. (3.71) auf Seite 87]
$D = \sqrt{\frac{2}{3}}\,\frac{1}{\pi^{3/4}}\,\eta^{-1/2}\,m^{1/4}\,(k\,T)^{1/4}$	Molekülradius (innere Reibung) [Gl. (3.72) auf Seite 88]

5.4 Partielle Integration

Analog zum Differenzieren eines Produktes

$$(u(x)v(x))' = u'(x)v(x) + v'(x)u(x)$$

bzw.

$$u(x)v'(x) = (u(x)v(x))' - u'(x)v(x)$$

wird ein Integral umgeformt, um es besser lösbar zu machen. Voraussetzungen dafür sind, dass es eine analytische Lösung des Integrals gibt, und dass die verwendeten Funktionen $u(x)$ und $v(x)$ differenzierbar sind. Es gilt:

$$\int u(x)v'(x)dx = u(x)v(x) - \int v(x)u'(x)dx. \tag{5.1}$$

Als Beispiel wird folgendes Integral zur Berechnung der mittleren freien Weglänge gelöst. Es werden lediglich die Variablen y und x ausgetauscht, um zu einer allgemein üblichen Darstellung zu kommen.

$$\int x e^{-x}dx.$$

Folgende Funktionen werden gewählt:

$$u(x) = x \quad \text{und} \quad v'(x) = e^{-x}. \tag{5.2}$$

Dabei ist darauf zu achten, dass sich die Funktion $v(x)$ leicht integrieren lässt. Aus der Festlegung resultieren

$$u'(x) = 1 \quad \text{und} \quad v(x) = -e^{-x}. \tag{5.3}$$

Wir machen die Probe:

$$\frac{d}{dx} v(x) = \frac{d}{dx} \left(- e^{-x} \right) = -e^{-x} (-1) = e^{-x} = v'(x).$$

Jetzt setzen wir die Gln. (5.2) und (5.3) in die Ausgangsgleichung (5.1) ein und erhalten die Lösung des unbestimmten Integrals:

$$\int xe^{-x}dx = x\left(- e^{x} \right) - \int \left(- e^{x} \right) 1 \, dx$$

$$= -x \, e^{x} + \int e^{-x} \, dx$$

$$= -xe^{-x} - e^{-x} + c = -e^{-x}(x + 1) + c.$$

Dabei ist die Größe c die Integrationskonstante.

5.5 Integration von Exponentialfunktionen

Bei der Berechnung der charakteristischen Geschwindigkeiten treten Integrale der Form

$$I_n = \int\limits_0^\infty z^n e^{-az^2} dz$$

auf. Diese Integrale sind miteinander verbunden durch die Beziehung:

$$I_{n+2} = \frac{-dI_n}{da}.$$

Man braucht nur noch:

$$I_1 = \int\limits_0^\infty ze^{-az^2}dz = \frac{1}{2a} \int\limits_0^\infty e^{-x}dx = \frac{1}{2a}$$

und

$$I_0 = \int\limits_0^\infty e^{-az^2}\,dz = \frac{1}{\sqrt{a}}\int\limits_0^\infty e^{-ax^2}\,dx.$$

Das letzte Integral ist bereits bestimmt durch:

$$I_0 = \frac{1}{2}\sqrt{\frac{\pi}{a}}.$$

Die Tabelle 5.1 enthält die Integrale der Exponentialfunktion für $n = 0 \ldots 3$.

Tabelle 5.1 Lösungszusammenstellung von Integralen

Funktion $f(x)$	unbestimmtes Integral $\int f(x)\,dx$	bestimmtes Integral $\int_0^\infty f(x)\,dx$
$x^0\,e^{-ax^2}$	$\frac{1}{2}\sqrt{\frac{\pi}{a}}\,\mathrm{Fehlf}(\sqrt{a}x)$	$\frac{1}{2}\sqrt{\frac{\pi}{a}}$
$x^1\,e^{-ax^2}$	$\frac{-1}{2}\frac{e^{-ax^2}}{a}+$	$\frac{1}{2a}$
$x^2\,e^{-ax^2}$	$\frac{-1}{2}x\,\frac{e^{-ax^2}}{a} + \frac{\sqrt{\pi}\,\mathrm{Fehlf}(\sqrt{a}\,x)}{4a^{3/2}}$	$\frac{\sqrt{\pi}}{4a^{3/2}}$
$x^3\,e^{-ax^2}$	$-\frac{(ax^2+1)}{2a^2}e^{-ax^2}$	$\frac{1}{2a^2}$

Sachverzeichnis

A

Allgemeine Gaskonstante, 2, 27, 47
Äquipartitionsprinzip, 14
Ausdehnungskoeffizient, kubischer, 29
Avogadro, Amadeo, 26
Avogadroische Konstante, 26, 47

B

Bahngeschwindigkeit, 4
Barometrische Höhengleichung, 1,
   80, 82
Bernoulli, Daniel , vii
Beweglichkeit, 80
Bezugszustand, 45
Boltzmannkonstante, 2, 6, 47
Boltzmannsche Verteilung, 1
Boyletemperatur, 43
Brown, R. , 45
Brownsche Bewegung, 46

D

Diffusion, 73, 76
Druck
   -formel, viii, 23, 25
   kritischer, 40

E

Einstein, A., 45
Energie
   -schwelle, 10
   mittlere, 6, 11–12, 14, 23, 46
   mittlere kinetische, 3, 5
   wahrscheinlichste, 13

F

Fehlerfunktion, 5
Ficksches Gesetz
   erstes, 73, 81
   zweites, 76

Fourier-Gleichung, 72
Freiheitsgrad, 6, 14–15

G

Gas
   ideal, viii
Geschwindigkeit
   mittlere, 3, 6, 16–17, 19, 26–28, 47, 49,
   58, 67
   wahrscheinlichste, 16
Geschwindigkeitsintervall, 3, 16
Geschwindigkeitsraum, 8, 16
Geschwindigkeitsverteilung
   Wasserstoff, 10
Gesetz von
   Avogadro, 26
   Boyle-Mariotte, 23
   Charles, 29
   Dalton, 30
   Gay-Lussac, 29
   Graham, 68
Gleichverteilungssatz, 14

H

Hauptträgheitsachse, 15

I

Innere Reibung, 69, 76, 87

K

Kelvin, Lord, 6
Kinetische Gastheorie, vii
   Grundgleichung, 23, 25
Koeffizient der Selbstdiffusion, 74
Kohäsionsdruck, 34, 37
Kovolumen, 34, 37

D. Richter, *Mechanik der Gase*, Springer-Lehrbuch,
DOI 10.1007/978-3-642-12723-6, © Springer-Verlag Berlin Heidelberg 2010

M
Masseneinheit
    atomare, 7
Maxwell-Boltzmannsche Geschwindigkeits-
    verteilung, 1
Maxwell-Schwanz, 12
Maxwellsche Gerade, 36
Maxwellsche Geschwindigkeitsverteilung, 1, 9
    experimentelle Überprüfung, 91–92
    Herleitung, 3
Messung Teilchengeschwindigkeit, 91, 92
Mittlere freie Weglänge, 49, 50, 53–54, 56–59

N
Newtonsche Reibungsgesetz, 87
Normierung, 4
Normzustand, 45

O
Ortsraum, 8

R
Raum
    Geschwindigkeits-, 8
    Orts-, 8
Rotation, 15
Rotationsachse, 15
Rotationsbewegung, 15

S
Schwingungen, 15
Selbstdiffusion, 73
Smoluchowski, M., 46
Spezifische Wärmekapazität, 72
Stern, 92
Stoßfrequenz, 49
Stoffmenge, 39
Sutherland, 57
Sutherland-Konstante, 57

T
Teilchendichte, 2, 47
Teilchendurchmesser, 85
Teilchenzahl, viii
Temperatur, 6
    kritische, 40
Thomson, William, 6
Trägheitsachse, 15
Translation, 15
Transportvorgänge, 69

V
van der Waalssche Zustandsgleichung, 85
Verdopplungstemperatur, 57
Verteilungsdichte, 3, 7, 10
    Wasserstoff, 7
Verteilungsfunktion, 3, 10
Viskosität, 69
    Abhängigkeit vom Druck, 77
    Abhängigkeit von Dichte, 77
    Abhängigkeit von Temperatur, 77
Volumen
    kritisches molares, 40

W
Wärmeleitfähigkeit, 72, 77
Wärmeleitung, 71, 76
Wahrscheinlichkeit, vii
Wahrscheinlichkeitsdichte, 5
Wirkungsquerschnitt, 56

Z
Zustandsgleichung
    Definition, 23
    ideales Gas, 1, 23, 26
    reales Gas, 23–33
    reduzierte, 40
    van der Waalssche, 33, 34
    Virialgleichung, 33